生活因阅读而精彩

生活因阅读而精彩

职场素质培训丛书

实干，比空谈更重要

全球500强企业优秀员工素质修炼课

陈鹏◎著

中国华侨出版社

图书在版编目(CIP)数据

实干，比空谈更重要 / 陈鹏著. —北京：中国华侨出版社，
2014.9

（职场素质培训丛书）

ISBN 978-7-5113-4888-3

Ⅰ.①实⋯ Ⅱ.①陈⋯ Ⅲ.①成功心理-通俗读物
Ⅳ.①B848.4-49

中国版本图书馆 CIP 数据核字(2014)第209765 号

实干，比空谈更重要

著　　者 / 陈　鹏

责任编辑 / 月　阳

责任校对 / 王京燕

经　　销 / 新华书店

开　　本 / 787 毫米×1092 毫米　1/16　印张/17　字数/239 千字

印　　刷 / 北京建泰印刷有限公司

版　　次 / 2014 年 11 月第 1 版　2014 年 11 月第 1 次印刷

书　　号 / ISBN 978-7-5113-4888-3

定　　价 / 32.00 元

中国华侨出版社　北京市朝阳区静安里 26 号通成达大厦 3 层　邮编:100028
法律顾问:陈鹰律师事务所

编辑部:(010)64443056　　64443979

发行部:(010)64443051　　传真:(010)64439708

网址:www.oveaschin.com

E-mail:oveaschin@sina.com

前 言

空谈无用，实干有效

每个人都有自己的梦想，它或大或小，可能不切实际，也可能切实可行。实现梦想靠什么？靠的是实干！习近平总书记语重心长地指出："空谈误国，实干兴邦。"

实干，作为工作态度，是指要实事求是，说实话、办实事，踏踏实实地干，不投机取巧，不懒惰懈怠，不脱离实际，不半途而废，要干就干到最后、干到最好。人们自古就崇尚实干，流传已久的愚公移山精神、焦裕禄精神、红旗渠精神等，都是实干精神。我们的先辈披荆斩棘，刻苦实干，为我们展示的是一幅幅实干兴邦的历史画卷。对于现在的我们来说，实干显得尤为重要，实干是一种值得且必须培养的优良作风和工作理念。

工作是干出来的，不是说出来的。一切难题，只有在实干中才能解决；一切机遇，只有在实干中才能抓住。因此，我们应少说多做，把主要精力放在"干"上。要想克服工作中出现的困难和问题，仅仅空口说话是不行的，必须说了就抓，讲了就做，以言行一致、真抓实干的作风，取得扎扎实实的成效。如果言行不一、说做相悖，那"说"了恐怕是白说，"讲"了恐怕也是白讲，纵使"谈"得再好，说的次数再多，也不会产生好的效果。

空谈创造不了任何价值，仅仅怀揣着梦想也永远无法开花结果。如果只是坐着空谈、抱怨哀叹，却不实践，不积累，不发展自己，那么只能是眼睁睁地看着机会白白溜走，耽误了大好青春，空嗟叹。空谈只能耽误青春，实干才能实现梦想！要想推动事业发展，开创工作新局面，绝对离不开实干。

做一个实干者并不难，具体来说，我们应该做到如下几点：

第一，起而行动，不躺着做梦。

工作贵在行动，说得天花乱坠不如甩开膀子干。干事业，坐而论道不行，行动迟缓更不行。只空谈而不行动的人，只能距离目标越来越远；不空谈而实干的人，必然争分夺秒创造业绩。因此，要坚持实干，做到立说立行，今天的事情今天处理，坚持雷厉风行抓落实，确保工作取得实效。

第二，坚持脚踏实地，杜绝好高骛远。

实干本质上就是一种脚踏实地的工作作风，它摈弃好高骛远的心态。能力需要实干来体现；理想需要实干来实现。我们需要做到的就是脚踏实地地工作，一步一个脚印地往前走。不论你身处什么岗位，从事什么职业，只要你树立切实可行的目标，努力地提升业务能力，从大处着眼，小处着手，踏踏实实地去做，就能每天有收获，你自然能完成从平凡到非凡的飞跃。

第三，寻找方法，提高效率。

实干，并不是一味埋头苦干，更不是不动脑筋地蛮干及胡干。事实上，实干需要思考，需要和巧干相结合。巧干不是投机取巧，而是讲究工作方法。学会了巧干，就能用切实管用的方法去追求实效、创造业绩。

面对异常艰巨的工作任务和错综复杂的工作形势，我们必须把全部心力放在实干上，我们应拿出一股拼劲儿，一股狠劲儿、一股韧劲儿，鼓足劲头干，甩开膀子干，做到用眼睛发现问题、用耳朵捕捉信息、用嘴巴说出问题、用脑袋思考问题、用行动解决问题，做到用100%的精力真抓实干，以愿干增强实干动力，以敢干展示实干气魄，以会干增强实干绩效。唯其如此，才能在解决问题中出现转机，在克服困难中赢得机遇，在赢得业绩中改变自身的命运。

在人生发展的道路上，如果能时时处处坚持实干，做到不实现目标绝不罢休、不获得胜利绝不住手，你就能一步一个脚印地攀上成功的峰顶。

目 录
C O N T E N T S

第五章／实中有巧——实干者这样思考

踏实肯干——实干者这样做事 ／ 第六章

朴实动人——实干者这样说话 ／ 第七章

第八章 ／ 内实外圆——实干者这样做人

上篇
实干永远胜于空谈

实干能为我们明确方向，指引道路，它使我们志存高远；而空谈，却光说不练，使人距离目标越来越远。实干能够培养认真细致的作风，而空谈却让人懒惰敷衍。空谈没有任何价值。真正的价值，需要靠实干获得。立足于实干，会走得更远。

第一章 / 实干是一切成就的萌发点

实干是成功的第一步。只空谈而不行动的人，只能原地踏步；不空谈而实干的人，必然争分夺秒创造业绩。能力需要实干来体现；理想需要实干来实现。我们需要做到的就是脚踏实地地工作，一步一个脚印地往前走。

◎ 实干者最受机遇青睐 ◎

实干是一种值得且必须培养的工作作风，具有实干作风的员工会赢得业绩，而企业必然会重用这样的人。

实干就是实事求是、脚踏实地地做好具体工作。但是，"言语总是行动的矮子"，实干二字看似简单，实施起来却绝不容易。

我们国家从远古传说开始便对实干的故事有了许多记载，其中有：夸父逐日、精卫填海、愚公移山等寓言享誉海内外，万里长城、都江堰、京杭大运河等巨大工程造福华夏子民逾千百年。而且，中华民族上下五千年，幅员纵横几万里，从人猿相揖别，到燧人氏钻木取火，再到仓颉造字步入文明，我们的祖先们披荆斩棘，夙兴夜寐，勤劳苦干，刻苦实干，为我们展示的是一幅实干兴邦的历史画卷。同时，对于现实生活中正在建邦立业的我们而言，实干显得尤为重要，是我们值得并且亟须培养的一种工作作风。具体来说，我们应该做到如下几点：

第一，一分耕耘一分收获。

不同于杞人忧天的工作态度，相信天上更不可能掉下馅饼，只有行动才能收获，不劳而获的思想无论何时何地都与实干的工作作风是背道而驰的。另外，对于具有实干精神的人而言，如果不付出努力，成功永远不可能降临到自己的身边；机会也永远是预留给有准备的人的。同样，残酷的市场竞争根本就不会允许企业白白地养活那些不努力工作的员工；更何况企业为了实现自身利润的最大化，也绝不会把那些人留下拖自己的后腿。

因此，作为一名企业员工，无论任何时候都必须让自己记住一点——如果你不能为企业创造更大的价值，那么，企业就没有必要为你提供任何创造价值的发展空间；如果你辛勤工作且努力付出了，那么，企业自然会为你提供相应的报酬和发展空间，这就是双赢！

第二，重拾自信，抛弃自负。

实干是指相信通过自己的努力可以实现成功，但是这并不意味着自负地以为自己无所不能。

自信是每一位企业员工所必备的成功前提条件之一，因为自信是人的勇气和力量之源；相反，自负则是一个人失败的导火索，因为它预示着自吹自擂、不切实际之后的惶恐无措。虽然两者都是相信自己的实力，但是自信是建立在现实基础上的，自信者们相信的"实力"仅仅是真真正正的个人的实际能力；而自负则是脱离现实、随意夸大的结果，自负者相信的"实力"充其量只不过是自以为是且未经实践检验的能力罢了。

第三，坚持脚踏实地，杜绝好高骛远。

实干作风本质上就是一种脚踏实地的工作作风，企业员工需要做到的就是脚踏实地地工作，杜绝好高骛远的心态。而且，任何伟大事业的成功都是源自一步一个脚印的努力实干，正如古语所说的"不积跬步无以至千里"。

有一个关于实干工作获得器重的故事，一位年轻的养路工人，踏实地在自己的工作岗位上辛勤付出，多年来，凡是他所负责的路段从来没有出现过一次故障。后来，总裁在一次基层检查的过程中发现了这名年轻工人，并任用他为总裁办公室的一名工作人员。在办公室期间，他仍旧坚持认真工作，同时，潜心学习和研究，以便把工作做到更好。然而，办公室的其他人则总是想入非非希望能够得到总裁青睐，以获得高升，所以总是做一些"面子"工作。

之后，总裁决定通过考核的方式从办公室里选择一个人担当自己的特别助理。年轻人通过长期的工作经验积累，再加上工作能力，再一次脱颖而出。而办公室的其他人则分别被留下或者被调到了基层。

第四，坚持节省时间，寻求效率提高。

除此之外，实干还需要珍惜时间讲求效率，但这并不意味着盲目求多、求快。

高效的企业员工总能得到更多的青睐，他们一方面业绩突出，为企业带来更多的利润；另一方面更大限度地实现自身价值，拓展发展空间，也为自己负责，为自己的人生负责，个人与企业达到一种互利互惠的双赢境界。这些人也将永远是企业和社会的宠儿。当然，真正的高效不仅仅包含数量多、速度快，还必须包含针对性强、品质有保证。所以，员工在追求效率的时候，首先就是要做到着眼于实际，从社会的实际需求和企业的实际需要出发。

综上所述，实干是一种值得且必须培养的工作作风，具有实干作风的企业员工必然会通过自己的努力在企业中开拓出一片广大的发展天地，而企业必然会在这些员工的实干工作推动下实现长期的发展。

实事求是是对形式主义的有力反击。抓落实的同时必须反对形式主义，要在组织内部形成一种实事求是的良风善习，也即要求做到说实话、办实事，不唯书，不唯上，只唯实，脚踏实地地完成各项工作。

◎ 实干能够将知识转化为价值 ◎

在掌握知识的同时还必须进行工作实践，通过自己的实干将知识转化为有用的价值，从而实现自身发展。

随着高学历成为社会发展的伴生物，追求更高的文凭似乎成为时尚。但是，物极必反，社会上的某些人以为知识本身就是财富，并且一味地追求着更广的知识面、更深的知识领悟，可是却从来没有想过将学到的知识与实践工作相结合。更甚者，虽然手中拿着多个大学的毕业证书，嘴里也全是时髦的高科技词汇，但是，一旦从事实际工作便又会束手无策。这样的人在很多地方都能看到，譬如说大学里成天钻研学问，但在讲台上却不知如何将学问传授给学生的教授，又如医院里为数不少的土墨水、洋墨水灌了一肚子，但是无法实际看病的医学研究生甚至于博士生，再如在追求实效的现代企业中，某些具有高校背景的员工，企业从他们身上除了拿到更多的学历证书外鲜见其他有价值的东西。

因此，我们需要实干。如果没有求真实干的精神，如果科技知识不能应用于客观实践中，那么，这样的知识充其量也不过是中看不中用的装饰品罢了。科技知识只有实实在在地应用于社会活动中，它的价值才有可能得到充分的挖掘和发挥。并且，随着科技知识和社会活动之间联系的不断加深，蕴含其中的价值将不断得到提升。

福特汽车公司的创始人亨利·福特采用了流水作业的生产方式降低汽车生产成本，使汽车从有钱人的专有玩具变成了一般大众的代步工具。直至今日，美国人仍然把他当作美国伟大的民族英雄。当然，福特本人并没有受到多么高深的教育，也正因为这一点，他曾被一位记者说成是不学无术的人。这引起了福特先生的恼怒，于是，双方决定对簿公堂。

法庭上，为了证明福特先生是否真的是一位不学无术的人，主审法官主持了一个问答比赛形式的考试。这场小学生的游戏中，被问些好像"X 加 Y 等于几"的问题使得福特先生啼笑皆非。他当场就说道，这些游戏仅仅需要死记硬背，自己手下有大把的专业人才，这样的问题很快就能从他们那里得到正确答案。

福特先生是实干的，虽然他本人不具备多么高深的知识，但是他却善于充分利用手下众人的知识。因为他知道，如果不能用在实际生产活动中，那么知识也只不过是没有任何价值的东西罢了。

虽然企业员工学习知识这一行为本身应该得到提倡，但是如果仅仅是学习知识本身，而不是尝试着将学到的知识运用到工作实践中去，这样的知识也就没有什么用处。况且，知识只有不断地被应用到实践中，才能得到进一步的深化发展。而且，如果只是把知识藏在心中，也只会把知识变成百无一用的死知识。所以，企业员工不但要积极主动地学习知识从而不断充实自己，还必须持求真实干的精神将知识转换成为价值财富。同时，在实践当中还可以使知识不断获得增强，从而使其内在价值提升。

对于真正有知识的人而言，他们懂得运用知识赋予的权利，将知识用于工作和生活实践当中。社会在改变，世界在进步，一旦知识脱离实践就会变成无用之物。另外，知识必须依靠实干才能将其转换成为价值。所以，企业员工在掌握知识的同时还必须与工作实践相结合，通过自己的勤奋敬业将知识转化成为有用的价值，从而满足社会所需，实现自身发展。

◎ 没有能力，实干只是一句空话 ◎

想要顺利完成工作，除了实干精神外，还需要相应的能力。能力决定薪酬，决定工作的发展格局。

一个人的成功往往是以脚踏实地作为前提之一。想要顺利完成工作，除了高尚的职业精神和工作态度之外，还需要具有相应的能力作为依托。譬如，营销人员如果想把产品销售出去，必须具备勇于开拓客户的能力和自信；财务人员如果想为公司做好账、把好关，必须拥有足够的专业知识和技能；技术人员如果想为公司设计研发新产品，必须具有深厚的技术功底。

因此，还是老话说得好，没有金刚钻就别揽瓷器活。要想把自己的工作顺利完成，不仅仅需要良好的职业精神和工作态度，还必须拥有非凡的才能，而拥有了后者才能把工作做到实处。试想一下，如果营销人员不具备勇于、善于开拓客户的能力和自信，那么，又将如何把产品销售出去呢？又该怎样完成自己的销售业绩呢？

同样，如果财务人员没有掌握足够的专业知识，又将如何为公司做好账、把好关呢？技术人员没有深厚的技术功底，又怎么胜任为公司开发新产品的工作呢？总而言之，一切都要靠能力说话，没有能力，实干也不过就是一句空话。

每家公司都有自己的财务部门或者财务人员，但是，这些部门或者人员的素质必然会参差不齐。而我们只需从他们所做的工作中就能完全看出其本身的能力如何，当然也能看出他们做事是否实干。一个财务部门或者人员的工作越实干，那么他们的工作就越能体现出其员工的专业知识和专业技能。

　　在华人首富李嘉诚先生的和记黄埔，公司的财务人员和财务的控制都极其严密，甚至于到了每一分钱都会计算得清清楚楚的程度。这样的能力并不是一般公司的财务人员所能达到的。在这里，公司的财务人员早已经把所有产生支出的项目整理好，譬如说租房成本、人工成本、折旧成本、办公成本、采购成本，等等。这样，公司老总不但可以随时查看公司花了多少钱、花在哪些地方、谁在花，还能知道更多细节的地方。比如，如果老总想了解某人一年以来用了多少张纸，或者一年以来每星期坐计程车的费用，他在几分钟内就能让财务把资料送来。这样，即使有一些不合常规的瞒报、虚报就能很快被查出。

　　不仅仅如此，公司里每个部门每年都要做预算，预算的项目甚至于包括电话费、办公费、交通费等细节项目，还必须记清什么时候使用。这些都需要向财务人员交代清楚。上报以后，财务审计人员会把历年的成本支出进行对比查看，看这些账目是否合理。当然，最终任何注水的预算都不可能过关。同时，对于哪些项目的支出要确保，哪些要取消，也必须做到一目了然。对于数额较大的支出，公司财务人员控制得更加严密。根据公司规定，万元以上的支出一定要经过严格审批，而且越是重大程序越是繁多，必须要有充分的理由和把握才能通过严格的程序。而且，钱一旦批下来，就必须有明确的责任人来支配并且承担不当使用或者达不到应有收益的后果。正是因为财务人员扎实的工作，财务部门在和记黄埔的作用正可谓发挥到了极致。

因此这样的企业成功了，拥有这样员工的公司获得了发展。

同样的道理在其他故事中也获得了体现。

一家三兄弟在美国东海岸一家皮毛公司担任相同的职位，但是三人的薪酬却大有出入。这件事引起了父亲的疑惑，于是找到了他们共同的上司——总经理。总经理答道："只需让三兄弟做同样的工作，然后观察三人的不同表现就可以知道答案了。"

于是，总经理让三人轮流去调查海边的某船，并要求他们将船上皮毛的价格、数量和质量详细记录下来。几分钟后，小儿子回来报告情况。原来，他是通过电话的方式来了解情况。

两小时后，老二回来做了一个详细的报告，他亲自到船上进行了一番调查。

然而，老大在五个小时之后才回来。他首先重复了老二的汇报，然后把船上最有价值的商品品牌都一一记录下来。并且为方便总经理与货主签订合同，他还请货主第二天上午前来公司一趟。返回途中，他又再向其他两家皮毛公司询问了货物的质量和价格等情况，方便带回公司进行比较、鉴别。

看完三个儿子的表现，老父亲终于心服口服了。小儿子工作一般，甚至于有些敷衍了事，因此工资最低；然而老大工作最得体周到，把老板下一步要做的工作都提前做好了，自然报酬最多。

同一间企业内部，员工报酬的多少是根据其业绩、能力来区分高下的，这样才不失公平。越是优秀的员工获得的薪酬也就越高，越是优秀的人就越能把工作做好。

乔在 35 岁之前可以算得上是一个失败者，直到之后做了汽车销售，竟然在短短的三年内成了"世界最伟大的推销员"，并成功被写进吉尼斯纪录。然而，在成功之后的他仍然坚持每天拜访客户，并且认真完成工作中的每一个环节、每一点细节。他到处递送名片，在就餐时把名片夹在账单中，抛向运动场的空中。他还曾经创造了一个月发 1.6 万张名片的纪录，想尽办法随时随地寻找客户、了解客户、服务客户。

也正因为他疯狂而脚踏实地地工作，使得乔很快便取得了更加骄人的战绩。连续 12 年打破吉尼斯世界纪录，荣获吉尼斯全世界汽车销售第一宝座。

对此，所有的从业人员都必须清楚的是，实干工作不仅是职业精神的展示，还是一种能力的表现。把工作做到实处，让人们切切实实地看到成果，这样才能体现自己的能力。

◎ 千里之行，始于实干 ◎

脚踏实地地从点滴做起，不断提升自身能力，为职业生涯积聚实力，这样才能实现自己的理想。

俗话说得好，"千里之行始于足下"，而实干便是成功的第一步。由于很多初入社会的大学生眼高手低，不愿意去从事基层工作，认为很丢面子，自信凭借自己的能力做那些工作就是一种浪费；再加上企业从自身利益出发，也不可能在这样的岗位花费太多的人力、财力。因此，造成了人才市场上的奇怪局面：一方面，企业求贤若渴而招不到人才；另一方面，大学生每天奔波于各种大型招聘会也还是找不到工作。但是，且看下面的故事：

20世纪70年代，一家国际连锁企业看好中国台湾市场，决定从当地培训一批高级管理人员。于是，他们看中了一个年轻的企业家，但是经过几番商谈仍旧没能定下来。最后，总裁让该名企业家带着他的夫人一起来。总裁询问对方关于先去打扫厕所的看法，企业家沉默，脸上露出了尴尬。他认为这是一种大材小用的行为，然而她的夫人却赞成道："他平时在家也打扫厕所。"最终，企业家通过了考验。

第一天上班，企业家果然被派去打扫厕所。原来，这就是企业的惯例，公司训练员工的第一课就是打扫厕所，连总裁也不能例外。

可见，这家公司对实干精神的重视。创维集团人力资源总监王大松曾经说过："年轻人只有沉得住气才能成就大事。无论你多么优秀，一旦到了一个新的领域或者企业，刚出校门是不可能从事策划、管理的。你对新的企业有多少了解？对基层员工有多少了解？不会有企业敢把这么重要的位置让刚出校门的人掌握的，那样对双方都是危险的事情。"

在一项关于现今国内一些年薪十万以上员工的调查显示，他们的起薪都是相对较低的，而且与刚开始工作时的起薪相比增长了逾百倍。这恰恰印证了一步一个脚印才能获得成功的道理。不管是知名学府毕业，还是曾经获得奖励，只要你是刚刚踏出校门就不可能第一天就获得百万年薪。眼高手低的坏毛病将会使你的前程布满了荆棘。

拿破仑刚开始的时候也仅仅是一名很普通的炮兵。人的成长都是需要一个过程的，这个过程不是能力或者是文凭能够缩短或者代替的，否则将会使人的成长出现断层，而也将会使成功成为一座空中楼阁。有一句歌词是这样说的，"没有人能随随便便成功"，这正是一个真理。

初入社会，正是一个人从职业生涯定格的时期，如果能够在这段时期内树立起实干精神，扎扎实实地练就基本功，那么，成功还会有多远呢？

因此，调整好心态，脚踏实地地从点滴做起，全力以赴，不断提升自身能力，为职业生涯积攒雄厚的实力，这样才能实现自己的理想。

◎ 确立实干观念，就成功了一半 ◎

观念决定思想，思想支配行动，行动促成结果。确立了实干的观念，也就成功了一半。

有一句名言说道：观念决定思想，思想支配行动，行动促成结果。

以下的故事将会向我们展示生活中观念的重大作用：

有两个农民外出打工，两人分别打算去上海、北京。可是，在候车厅等车时，因为他们邻座的人议论都纷纷改变了主意。

打算去上海的人认为，去北京即使挣不到钱也不会饿死，庆幸自己没上车，不然就麻烦了；打算去北京的人则认为，去上海比较好，无论做什么都能挣钱，也庆幸自己没上车，不然就失去致富的机会了。

于是，两人在退票处相遇了，并且交换了火车票。

去北京的人发现北京很好，初到的一个月几乎什么都不干，竟然没有饿着。

去上海的人发现上海是一个可以发财的城市，干什么都可以挣钱。

于是，到上海第二天，此人就凭着乡下人对泥土的感情和认识，在郊区的建筑工地装了十包含有沙子和树叶的泥土，然后以"花盆土"的名义出售给上海人。

当天，他就在城郊间往返了六次，净赚 50 元钱。一年后，他凭借着出售"花盆土"在上海拥有了自己的一间门面房。

常年奔波的过程中，他发现了一些商店楼面干净而招牌脏，便抓住了这个机会，办起了一家小型清洁公司。

不久，他的公司有了一百五十多名员工，业务遍布上海、南京和杭州。

某天，他乘火车去北京考察清洗市场的情况。在北京站，一个捡破烂的人把头伸进软卧车厢，向他索要空啤酒瓶。

这个人就是五年前交换车票的那个人。

由此可见，观念对结果可以起到很大的作用。

一位哲人说过：世界上存在着两种力量，一种是观念，一种是宝剑，但是观念总是能最终战胜宝剑，因为战争的获利方往往就是运筹帷幄的那一个。

作为企业员工，必须要有效执行企业所指定的各项管理规章制度，将企业做强做大，实现预定的利润目标。同时，还必须树立强烈的实干观念，不要让实干成为一句空谈。

21 世纪是观念的世纪，谁转变了观念，谁就是赢家。如果观念中仍旧忽视并轻视实干，那么，就必须要尽快转变这种观念，开始重视实干观念的重大作用。确立了重视实干的观念也即代表了我们迈出了实干的第一步，也可以说在实干的道路上行走了一半路程。

◎ 实干：理想与现实的最佳结合点 ◎

实干连接了理想和现实，只有坚持实干，做好本职工作，现实的事业才能顺利发展，理想才可能实现。

曾经有一位学者做过一项调查，他把年龄相近的中、日小朋友集中在一起，问同样的一个问题——你的理想是什么？结果他发现日本小朋友回答的多数是教师、护士、警察之类的职业，还有答新娘子的；然而，中国小朋友们则多数回答是书法家、文学家、科学家，等等。这无疑显示了中日文化的明显差异。

中国学生之所以有如此远大的抱负，可能与从小的教育有很大关系。依稀记得小学课本中讲述的诸多名人的豪情壮志，这深深影响了几代中国人。对于理想，很多人在小时候都深有体会：语文老师往往会布置一篇名为《我的理想》的作文，一些学生在作文中提及自己的理想就是成为一名光荣的人民教师。然而，却换来了老师的批评，认为这样的理想微不足道。

忘记远大理想只顾眼前，则将使我们失去前进的方向；离开现实空谈理想，又将会使我们脱离实际。理想固然要远大，但是这种远大必须是建立在现实基础上的，否则就将会是一句空谈。众所周知，理想必须根植于现实，但是这也往往会被很多接受了高等教育并且有着一定社会阅历的企业员工抛诸脑后。他们常常会抛开自身实际空谈所谓的理想，最后理想没有实现，眼前工作也会做得一塌糊涂。

企业员工们必须学会正确处理客观现实与远大理想之间的关系，而实干正是两者的结合处。实干，就是坚持实事求是，一切从实际出发。我们并不反对企业员工树立远大的事业理想，但是，任何理想的树立都必须是从实际出发的。总而言之，只有坚持求真实干的工作精神才能树立科学、真正适合自身未来发展的理想。

实干连接了理想和现实，使得理想更加贴近现实，并且能达到更好的指导现实的作用。对于企业员工而言，只有坚持求真实干的科学态度，做好眼下的本职工作，现实的事业才能取得顺利的发展，理想的现实才会有坚实的基础。为了将理想根植于现实的土地上，企业员工在树立理想时应该注意以下几点。

第一，联系自身实际情况。

企业员工在树立理想的时候，首先必须从自身客观实际情况出发，知道自己的兴趣所在和能力所及。否则，大谈理想将会变得不切实际。再者，只有在对自己的内在能力和外在客观环境有充分认识的基础上，才能在日后树立理想时不至于过于盲目。

如果不着眼于自身实际，那么，我们最终能树立起来的理想就无异于空中楼阁，经不起现实的考验。这就像一首赞美诗中所咏唱的一样：远方的风景固然美丽，但一旦灯光只照到远方而非脚下，那么，我们连眼前的困境都无法克服，更何况远方的风景就更加遥不可及。

第二，准确定位自己。

实现理想的前提建立在对自己有一个科学而准确的定位，如果对自己的定位不明或者不科学，那么在此基础上的理想就不可能合理。因此，企业员工对自己的定位必须结合整个社会环境和企业环境，如果仅仅局限于个人范畴，那这样的理想就会显得过于狭隘而短浅。

第三，成功必须实干。

企业内部有的人员常常会因为自己没有名校文凭或者一纸证书而自我放弃，心甘情愿地在一个相对较低的工作岗位上消耗掉一生。他们夸大文凭的作用，认为自己没有文凭，什么都不行。正如某位学者所言，成功并不依靠大学。童话大王郑渊洁也曾经说过："对自己没有把握的人才会去念大学、去深造。"这些话听起来确实有一定的道理。

一言以蔽之，仅仅依靠学校的教育是不可能培育出成功者的，因为成功人士除了应该具备丰富的知识外，还必须具有努力拼搏的精神和不畏艰险的勇气。丰富的知识可以通过学校教育来获取。但是，即使没有条件接受学校教育，我们仍然可以通过其他途径来获得知识。然而，如果没有求真实干的精神，纵然是世界上最高等的学府，配备最具实力的师资，也不可能培养出具有真才实学的优秀人才。而且，成功人士所具备的其他条件更加需要依靠求真实干的努力来获得。因此，企业员工要想成就一番事业就必须具备求真实干的精神。

实干是成就一切伟大事业的前提，也是现代很多企业用以评估人才的一项重要标准。英特尔中国软件实验室总经理王文汉先生曾经说过，英特尔公司从未将学历作为考量职员升职的一条因素，学历最多只是一块敲门砖。在进入企业之后，员工个人的发展将绝对取决于其自身的努力。因此，有的硕士生因为不够实干，他们的工资将可能会降下来；而一些本科生则可以通过自己的努力，取得优秀成绩，自己很快就会得到晋升。

为证明努力在英特尔公司能够实现成功，王文汉先生还举了以下一个例子。

英特尔中国软件实验室有一位软件工程师连大学文凭都没有，但是，当初这位工程师是凭借自己设计的一些软件程序进入英特尔公司的。刚开始的时候，他仅仅是被当作普通的程序员被录用，但是不久之后王文汉先生发现这位程序员并不普通。他不仅可以高效高质地完成相关的程序设计任务，而且还自发学习高科技软件的研发知识，甚至还利用一切的休息时间参加英特尔公司内部以及各大院校举办的软件开发讲堂。一年之后，当英特尔中国软件实验室需要引进一批高水平软件工程师的时候，这位程序员凭借扎实的业绩、先进的技术水平而成为选拔对象。然而，其他很多比他更先进公司的、拥有更高学历的程序员们仍然还在程序员的位置上消磨着自己的青春和知识。

成功所必须具备的一切因素都需要靠实干努力来争取，大量有用的知识要靠扎扎实实地学习来取得，克服困难的力量也要靠一点一滴的艰苦努力来完成，同事之间的协作以及上司的支持还要靠诚信的品质和实实在在的能力来赢得，而转瞬即逝的机遇更要靠脚踏实地的艰苦付出来把握。

实干是成就一切事业的前提，如果没有实干的工作态度和作风，那么爱迪生纵然再聪明也不过是一个幻想家，而不可能成为世界上最伟大的发明家；如果没有投身科学事业的奋斗精神，比尔·盖茨纵使聪明绝顶，也不能成为领导世界 500 强的全球首富；如果没有艰苦卓绝的努力练习，达·芬奇即使有过人的天分也不会完成诸多伟大的作品，等等。

总而言之，成功必须依靠实干努力来实现，成功的道路是一步一个脚印走出来的，从来没有一蹴而就的成功。抛却求真实干的奋斗，即使获得他人再多的帮助，遇到许多良好的机会，也不可能会获得最终的成功。

◎ 承担责任才可能被赋予重任 ◎

责任能够让人的精神状态最佳，更愿意为工作付出并充分发挥潜力。人有了责任感，无论能力怎样都会受到重视及提升。

一个员工的能力再强，如果不愿意付出就不可能为企业创造价值。然而一个愿意为企业付出的员工，纵然能力略逊一筹也能够创造出极大的价值。

常言道，人生所有的履历都必须排在勇于负担责任的精神之后。责任能够让一个人具有最佳的精神状态，更加愿意为工作付出精力并且将自己的潜力发挥到最大。

以下的故事正好能够说明责任感的重要性。

一家化妆品公司重金聘任杰克逊为副总裁，然而一年多来，能力非常杰出的杰克逊并没有为公司创造多少价值。

杰克逊确实是一个人才。根据档案显示，他拥有很高的文凭，并且履历优秀，曾经创造了被同行称道的"杰克逊速度"的奇迹。1998 年至 2000 年，他叱咤华尔街，更是掀起了一阵"杰克逊旋风"。

但为什么会这样呢？

杰克逊受到公司老板的器重，并且能力也获得了老板的全面认可，也有很多成功的案例对此进行佐证。但是，作为一个高层，杰克逊需要的不仅仅是高薪，单靠高薪，是难以建立杰克逊这样的人才的责任感的。通过深入沟通，人力咨询师发现杰克逊是一个勇于接受挑战的人，工作难度越大就越能激起他奋斗的欲望，他随时都做好了冲锋陷阵的准备。也即是说，这样的人才正是企业宝贵的财富。

他本来也想大干一场，但是在现实中受到了来自公司的种种束缚。他迫切需要一个能任由他自由发展的工作环境。

原来，杰克逊的上司有两个致命的弱点：一个是很难对下属放心，害怕有人挖公司墙脚；另一个是凡事喜欢亲力亲为，常常越级指挥。这样使得很多情况下杰克逊会觉得自己形同虚设。

杰克逊最需要的应该就是自我实现的需求，也即是能够以业绩来证明自己，这就是他人生最大的快乐。

找到问题症结后，咨询师和杰克逊共同分析公司授权和指挥系统的不足，明确了身兼老板、总裁的菲尔和副董事长杰克逊的具体职责范围。同时，还共同制定了公司的授权制度以及组织指挥规则。通过他们的共同努力，公司的情况发生了极大改变。之后的杰克逊几乎变了一个人，也做出了很多成绩，而且老板和他已经成了不可分离的亲密战友。

杰克逊这个故事极富启发意义。杰克逊的转变促使他的才能获得了充分发挥，而促使他转变的因素正是激发了他对公司的责任感。

实际上杰克逊本人是极富责任感的，能力也是一流的，但是从他的故事里的转变我们可以看到，责任比能力更加重要。

这个世界并不缺乏有能力的人，只有既有能力又有责任感的人才是每一个企业都渴求的理想人才。企业很愿意信任一个能力一般但是有强烈责任感的人，相反，不愿重用一个马马虎虎、视责任感为无物的人，即使这个人能力非凡。因此，每一位员工都要有强烈的责任意识。一个人有了责任感，无论能力如何都会受到老板的重视，公司也乐意在这种人身上投资，对他们进行培养从而提高他们的技能。因为这样的员工才是值得公司信赖和培养的。

当然，责任虽然更胜于能力，但是这并不意味着能力并不重要。一个有责任感而无能力的人是无用之人，因为责任需要用业绩来证明，而业绩本身是需要依靠能力去实现的。

当一个人在为企业工作的时候，无论被领导安排到哪个位置上都不能轻视自己的工作。反而需要负担起工作的责任来。能力永远需要由责任来承载，而责任本身就是一种能力的表现。

对于那些在工作中推三阻四的人来说，他们老是抱怨环境，寻找各种借口为自己开脱，往往会成为职场中的被动者，即使工作一辈子也不会有任何出色的业绩。他们不明白需要用奋斗来负担自己的责任，更加不懂得自身的能力只有通过尽职尽责地工作才能完美地展现出来。能力，永远需要责任来承载，而责任本身就是一种能力。

萨一直想成为一名护士，并且对一位在地方医院担任夜间领班护士的邻居羡慕不已。这位护士由于长期勤奋工作，认真完成自己的本职工作，由此多次获得荣誉称号。萨非常渴望能够做出那样的业绩，于是决定穿上制服到医院担任服务工作。她坚信自己适合护士的工作，但是实际上她在履行职责的时候却拖拖沓沓，并且遭到了病人投诉。在受到了医院警告之后，她便退出了服务队伍。在医院的表现不佳严重影响了她日后进入护士学校学习的计划，她必须想办法证明自己有能力负担起这份责任，于是不得不比其他同学做出更大的努力。

护士的工作需要极强的责任感和使命感，这是萨所没有意识到的。她仅仅把护士工作作为一个理想，但是却没有为之付出行动。因此，这个故事告诉我们，履行职责是最大的能力，而责任当然也是一种能力。

曾在一家公司担任过人力资源总监的余先生讲过这样一个故事。

2012年10月，公司营销经理带领着一支团队参加某国际产品展示会。会展之前还有很多的准备工作要做，其中包括展位设计和布置、产品组装、资料整理和分装，等等，这些都需要大家加班完成。可是在带去的安装工人中有大部分却不愿意加班，一到时间就溜回宾馆或者逛街去了。经理如果要求他们干活，便会受到他们的拒绝和奚落。

可是，展会的前一天晚上，公司老板亲自到展会现场检查准备情况。

老板到达展会现场时已经是凌晨一点钟了，但是营销部经理和一名安装工人还在认真地工作着，细心地擦拭黏在地板上的涂料。更让老板吃惊的是，其他人却不见了踪影。见到老板后的经理急忙向老板解释，这都是因为自己的失职才会导致多数人没来参加工作。老板并没有责怪他，反而指着留下来的工人问："他是在你的要求下才留下来的吗？"

随即经理把情况向老板说了一遍，这位工人是自己主动留下工作的。在他留下时，还受到了其他工友的嘲笑。

老板听完经理的叙述并没有立马做出任何表示，只是招呼秘书和其他几位随行人员加入工作。

参展结束之后，老板一回到公司就把那天晚上没有参加劳动的所有工人和工作人员都开除了。同时，将与营销经理一同打扫的那名普通工人提拔成了分装厂的厂长。

　　那帮被开除的人找到了作为人力资源总监的余先生来理论，他们认为这次的处分似乎太重了，而且还觉得那位工人受到的奖励似乎也太大了。

　　余先生解释道，这次所奖励的正是那位工人的主动参加劳动的行为，而不仅仅是多工作了几个小时。而且从整件事上可以推断，这些人平时的工作也一直在偷懒。事实上据考察得知，那位工人一直以来都是一个积极主动的人，他在平时都一直默默贡献，比这些人多干了很多活。因此，提拔他也恰好是对他以前默默贡献的回报。

　　这是一件很生动的事例，故事告诉了我们，多一份责任感就会多一份回报。对于那位主动留下的工人，虽然他只不过是一位普通工人，但是他表现出来的强烈责任感却是他人所没有的，也正是他能力远远超出他人的表现。

◎ 实干的极致就是创新 ◎

实干意味着在工作中要精益求精，寻求突破和发展。实干是创新的基础，创新必然要以实干作为根本。

很多人可能会认为正是实干阻隔了创新的思维，因为长时间按部就班地从事相似的工作，按照既定的规章制度办事会使大脑僵化。这样的情况下，很难想象创新由何而来。其实这种看法带有很大的片面性，实干是指脚踏实地、兢兢业业地做好每项具体工作。但是这并不意味着我们不会在工作中精益求精，寻求突破和发展，由量变引起质变；并且，实干也并不是一成不变、机械的，像完成任务似的去做一件事情。相反，实干本身就是创新的基础，要有精彩的创新必然要以实干作为其根本。

瓦特发明蒸汽机，带动了世界经济的革命。这一项技术的创新，如果没有瓦特勤奋实干的工作作为基础的话，无论如何都不可能实现的。当然，不可否认，这一项技术的取得也得益于企业家约翰·罗巴克和马修·博尔顿强大的资金支持。而这两位企业家之所以投入巨大的资金，除了因为独具慧眼意识到这项发明的价值外，还因为他们看到了瓦特身上强烈的勤奋实干的工作作风，他们深信瓦特一定会发明出蒸汽机的。

然而，事实确实如此。瓦特具备了科学家和发明家的所有必备的知识、素质和头脑：在他 13 岁的时候就在作为建筑师、造船师的父亲的作坊里制造出了机器模型；他精通法、德、意三国语言，阅读了大量外国科学著作，而且还在法学、美术、音乐等方面有很深的造诣。1761 年到 1769 年间，瓦特先后进行了蒸汽压力实验，拟出了蒸汽机设计图，直到 1781 年世界上第一部蒸汽机在所霍工厂诞生。其间的辛酸，如果没有实干的工作态度，又将如何做到？

爱迪生说过："天才是百分之九十九的汗水，加上百分之一的灵感。"如果把这百分之一的灵感看作是创新思维的火花的话，那么，另外的百分之九十九的汗水也正是实干和所付出的艰辛。但遗憾的是，我们总是会认为只有这百分之一才是工作的基础。

仅仅实施创意是不完全的，因为还缺少一种非成功不可的欲望，缺乏一种踏踏实实的工作态度。初创业者，如果不像其他企业家初创业时期那样每天拼命工作，拥有"与企业共存亡"的意识。如果只是打算"轻轻松松赚大钱"，那么这也将仅仅是一种童话，是一种幻想。

比如现在有一个好的创意，如果这是由一群经验丰富的经营行家进行精心谋划、精心操作的话，那么极有可能成功。否则，将会面临最后的失败。这一点，正好从反面说明了实干对创新的基础性作用。

◎ 多一份承担，就多一分成果 ◎

实干的人总是比常人多走一步路，多承担一份责任，他们会想尽一切办法完成任务，争取在有限的条件下创造出最大的价值。

真正优秀的人总是比平常人多走一步路，多承担一份责任，然而正是这份责任胜过了别人的一份智慧。

一家外贸公司的老板要到美国办事，并且需要在一个国际性的商务会议上发表演讲。为此，身边的几名人员忙得头晕眼花，其中甲负责演讲稿的草拟，乙负责与美国公司谈判方案的拟订。

为老板送行的早上，各部门主管都到了，其中一人就问甲是否把负责的文件打印好了。

这时候的甲似乎还没睡醒，睁开惺忪睡眼说道："因为那份文件我才睡了四个小时，还是来不及将文件准备好。反正老板也不懂英文，只要赶在他上飞机后到公司把文件打印好电传过去就好了。"

转瞬间，老板折返，第一件事就是问甲准备的文件和数据的事情。这位主管把他的想法告诉了老板。老板闻言，脸色大变。因为老板为了避免浪费飞机上的时间，他已经计划好利用在飞机上的时间与同行的外籍顾问研究自己的报告和数据。

甲大惊失色。

到了美国后，老板与要员一同商讨乙的谈判方案。整个方案做得既全面又周到，不仅包括了对方的背景调查，还包括了谈判中可能出现的问题和解决方案，另外还包括了谈判中的很多细节。乙做的方案大大超出了老板和其他人的预料，他们之前都没有见到过这么完备而又有针对性的方案。后来，经过了艰辛的谈判，因为对各项问题都有了仔细的准备，这家公司最终赢得了这场谈判。

谈判结束后，老板回国后开始重用乙而冷落甲。

从上面的故事中，甲和乙所负责的工作都与老板的事务密切相关。但是，甲疏忽了老板行程安排中可能会出现的变故，不但耽误了老板的工作，还给公司带来了不必要的麻烦和损失，更是破坏了自己在老板心目中的形象。而乙完备而周详的方案则显示了乙对公司的高度责任感。与甲相比，他也不过是多承担了一份责任罢了，结果却是背道而驰。

同样地，在西点军校，即使是立场最为自由的旁观者都被贯彻了绝对服从的理念，服从命令是军人的天职，也是他们最大的责任所在。

商场如战场，服从的理念在企业界也同样适用。在企业中，每一位员工都必须像军人一样服从上司的指挥，而同时服从者必须暂时放下个人的独立自主，全心全意去遵守所属机构的价值理念。这就是员工的责任。

富有责任感的员工就会富有开拓和创新精神，他绝不会在不经努力的情况下就找好借口，而是想方设法完成公司交给的任务。

20 世纪 70 年代，日本索尼彩电在本国大受欢迎，但是在美国却不为人知。因此，索尼在美国的销量相当惨淡。为了改变这一局面，索尼派出一位又一位负责人前往芝加哥。那时候的日本远不是现在的样子，其在美国的竞争力相当弱。所以，一个又一个负责人相继归来，并且事先为自己的失败找到了一个又一个的借口进行辩解。

但是，索尼公司并没有决定放弃美国市场，并且在之后派出了卯木作为国外部部长。上任不久的卯木惊奇地发现，在芝加哥的商店里索尼彩电竟然蒙上了很厚的灰尘。对此，卯木甚是不解，索尼是在日本畅销的优质产品，为什么一进入美国市场就会变成这样？

经过一番调查，卯木知道了其中的真实原因。原来是因为之前的负责人在美国市场上不仅没有对销售彩电做出贡献，相反，还糟蹋了公司的形象。他们一再在电视市场上进行低价促销，给美国人留下了索尼是劣质品、次品的形象，这必然使索尼遭受更大打击。在这时候，卯木完全可以把前任的不负责任作为借口回国，但是他并没有这么做。相反，他首先想到的是如何挽回败局，改变索尼在美国人心中既成的印象，改变销售的现状。

经过为期数天的苦苦思考，卯木受到"带头羊"效应的启发，决定与一家实力雄厚的电器公司合作，从而打开美国市场。

卯木最先想到的正是马歇尔公司，芝加哥市最大的电器零售商。为了尽快见到马歇尔公司的经理，卯木第二天很早就去求见，但是因为经理不在，名片被退回。第三天，他特意选了一个经理最可能比较闲的时间去见经理，却又被告知经理已经外出。直到第三次登门，经理终于被其感动，接见了他。但是，经理认为索尼一再降价拍卖，形象太差，拒绝卖索尼的产品。卯木一边耐心地听取经理的意见，一边一再表示要立即着手改变公司形象。

回去后，卯木首先要做的就是把商品从寄卖店取回，取消降价销售，并在当地报纸上刊登大幅广告，重塑索尼形象。

做完这一切之后，卯木再次拜访马歇尔公司的经理。这一次他听到的是索尼的售后服务太差，还是无法销售。卯木立马成立索尼特约维修部，全面负责产品的售后服务。再次刊登广告，并附上特约维修部的电话和地址，24小时为顾客服务。

屡次遭到拒绝的卯木并没有因此而放弃。他规定每位员工每天拨打五次电话向马歇尔公司索购索尼彩电，在接二连三的求购电话下，马歇尔公司的员工竟然误将索尼彩电列入"待交货名单"。这令经理大为恼火，这一次他主动召见卯木，一见面就大骂他扰乱了公司的正常工作秩序。卯木这才向经理耐心解释，他之所以这样做是为双方的利益着想，马歇尔公司出售索尼彩电是一种双赢的模式，对马歇尔公司也不无好处。在他的巧言善辩之下经理最终决定采用试售两台的方法决定是否销售索尼彩电。一周之内如果彩电卖不出去，索尼公司就立马搬走。

为此，卯木亲自挑选了两名得力干将，让他们担当订货的重任，并且要求他们破釜沉舟，在一周之内如果不能卖出彩电就会被辞退。

结果，两人果然不负众望，当天下午四点就把两台彩电卖了出去。至此，索尼公司终于跻身芝加哥的"带头羊"商店。紧随之后的是家电销售的旺季，索尼彩电竟然大为畅销，索尼和马歇尔从中获得了双赢。

在"带头羊"效应之下，芝加哥上百家商店纷纷开始销售索尼彩电，不出三年，索尼彩电就在芝加哥彩电市场占据了重要地位。

从上面的故事来看，当执行任务的时候，一味逃避责任的人只会对自己或同伴寻找借口，一旦被老板问起，就又会说条件太缺乏，或者人手不足。这样的员工总是会让人失望，他们不仅仅是在逃避自身的责任，还是对自己能力的浪费，对自己开拓精神的扼杀。逃避责任的人，或许会得到暂时的"清闲"，但也将失去重要的成长机会。什么都不做的人，又能到哪里去学习技能，积累经验呢？

当然，更令人失望的是在少数企业里，业务员只有早上去公司报到，然后又跑出去喝咖啡、洗桑拿，甚至于进赌场。下午下班之前再回到公司"汇报"工作。如果上司问起是否找到客户，他们就会把"客户不在"、"客户没空，约好明天见"、"来不及"等作为借口搪塞上司追问。

然而，对于富有责任感的员工而言，他们富有开拓和创新精神，绝不会在没有付出努力的情况下就随便找个借口完事。取而代之，他们会想尽一切办法完成公司交代的任务。如果条件不具备，他们就会创造条件；如果人手不够，他们就会主动多做一些，多付出一些精力和时间。无论被派到哪里都不可能无功而返，无论在什么岗位上都能用自己的能力创造出最大的价值。

第二章 ／ 空谈光说不练，实干咬定目标

> 没有目标就不知所往，不知所往便不能有所成。但是，目标太多却又不过是空想罢了。结合自身的实际情况，树立一个现实的目标，然后有步骤、有计划地实现，才是最明智的做法。实干的人会不断树立新目标，不懈地追求，这样才能不断赢得新业绩。

◎ 想到做到，别让想法成空谈 ◎

没有目标就不知所注，不知所注便不能有所成。树立一个现实的目标，才是最明智的做法。

这个世界上，机会永远为有梦想的人留着。如果一个人有目标、有对象，知道自己的前进目标，那么，他就会比那些游荡不安、不知所终的人更容易有成就。没有目标就不能快速前进。曾经有人这样说过，如果不知所往便不明所成。但是，想法太多却又不过是空想罢了。

有一个相关故事，是关于一位年轻人获得成功的故事。

褐色皮肤、英俊潇洒的泰生从小就是游泳健将，经常参加游泳比赛并因此而获得很多褒奖。

　　在不断成功的激励下，泰生开始不停地追求着成功。于是，他的事业从一幢建筑物开始，变成两幢，三幢……最后，名气越来越响，业务也越来越大。泰生的业务获得了难以想象的成功。

　　对此，泰生经常会说："我经营营造业、掮客业务、管理事业、旅馆经营、公寓改建等，每一种行业我都很感兴趣，都想涉足。因为不知道自己能否成功，因此我在不断地试探自己的能力极限。我常常因为在早上看到我的名字登在报纸上而感到舒服，然后再看一遍，又更加舒服。在我看来，凡事问题愈大愈多就会愈好。"

　　有一天，银行电话通知他，他的公司已经过于膨胀，缓付款已经到期并催交还款。小神童泰生于是就这样垮掉了。刚开始的时候，泰生不断地责怪每一个人，把错误归咎于银行，归咎于社会经济形势，甚至于归咎于员工身上。直到最后，他仍然简单地认为是因为自己能力有限而自己又走得太快、太远。面对新生意的时候，不是有所畏惧而是勇往直前地去做。就是因为好大喜功，事无巨细都必须亲力亲为，结果精神无法集中才造成最终的失败。其实应该是哪一个问题最为迫切就需要解决哪个问题。他错就错在把时间紧急的事情当作是最重要的事情。

　　泰生没有分辨事情的轻重缓急，他的解决办法就是重定目标，选择擅长的行业，然后集中精力去做。

　　其实，泰生最擅长的还是房地产开发。经过了几年的拮据和苦撑以及苦心经营，他的生意终于有了起色。后来，他再度成为纽约的百万富翁，只不过是一个对自己能力限度有了更深刻了解的富翁。

在他看来，如果有了一个新想法，自己再也不会冲动去做，反而是劝阻自己，让自己专心经营现在的事业。

泰生的经历告诉了我们一个道理：想法太多，或者说想要实现的目标太多跟没有想法或者没有目标其实一样有害。

只要我们用分析家冷静的眼光来分析而非情绪化地埋怨责备，这样才能将我们从失败的泥沼中拉出来。聪明人之所以失败，其原因是多种多样的，不胜枚举。但是失败并不是什么了不起的事，即使是最优秀的人也在所难免。但是，能够从失败中获取经验教训，这才是最了不起的。

◎ 抱怨他人是给自己设的绊脚石 ◎

发牢骚和抱怨不但无济于事，还会产生负能量，抱怨他人只会阻碍我们前进的步伐。

想办事，但是总是说得多做得少，这是多数人的常态。对于企业而言，发牢骚不但不能提高生产力，还可能会造成生产力的下降。每天的抱怨只会阻碍我们攀登的步伐。

发牢骚只会给自己带来一个越来越难融入的工作环境。开始的时候可能还会有一个听众，但是听众只会越来越少，因为大家都已经熟悉了你的牢骚。一直这样下去的话，也许有一天这个工作环境还会为自己所讨厌。虽然可以选择辞职，但是所带来的有可能是失去对工作环境的控制能力，导致自己被困在自己讨厌的工作环境里动弹不得。

可见，发牢骚只会令自己更加被动。除此之外，我们还应当看到，一个爱怪罪环境的人往往也会怪罪于他人。此时，我们应该做的就是及时并迅速地调整自己适应环境。

对于工作环境的不适应，我们第一反应应该是把精力尽快转移到如何更好更快地改变局势上来。如果你已经意识到自己是一个爱发牢骚的人，那么从现在开始请闭紧嘴巴，远离熟悉的听众。并且，还要"洗心革面"，寻找曾经失落的目标，以积极正面的态度去看待问题。另外，还需要多跟值得尊敬和学习的人共处，学会重新开始！

不要把"听起来简单"与"做起来简单"轻易地画上等号。

在已经走了一段弯路的现在，坚持不发牢骚可能需要从改变习惯开始，任重而道远。

另外，你必须坚信，一味地发牢骚最终只会伤害自己。就像鲁迅先生笔下的祥林嫂，刚开始的时候或许还会得到同情，但是最后只是让人觉得可悲。所以，人一定要学会自救，要勇敢地走出过去的阴霾重新让自己走在太阳底下，直通光明的未来。

一辆拥挤的公交车在道路上颠簸，突然，一个急刹车，满车的乘客或踉跄，或跌倒，或撞头，或踩脚……

然后，传来乘客的抱怨声。嚷嚷的人越来越多，满车的抱怨……

只有最里边的一位乘客默不作声，因为他看到了整个刹车的过程。若不是司机的机敏，或许满车的人都难逃厄运。因此，他并没有发牢骚。

这个故事告诉我们只有将真相看清楚，我们才不会发牢骚。工作中永远存在着一个真相，那就是：我们发牢骚也不过是做无用功，它只会让我们更加被动。

另外，我们还需要警惕的是自以为是在影响我们潜能的发挥。可以说，自以为是让我们进步缓慢。因为一个人一旦自以为是，那么在他的眼里就没有人能够成为他的老师，也没有人值得他去求教，从而会妄自尊大，便再也没有继续学习的心态了。而且，如果做事情失败，反而会安慰自己，认为别人都不如自己，因而会更加失败。周而复始，便不再前进。

没有榜样的人是孤独的，因为他没有方向感，没有足够的力量来完成自救。慢慢地就会无所事事，也就更加没有人愿意再信任他而愿意将更富挑战的工作交给他。那么，在以后的时光中，他就只能在那些不重要的工作里度过。即使本来是一个很有能力的人，但是最多只不过会落下一个"怀才不遇"的惋惜罢了。

然而，自以为是的人又是那么的司空见惯，在工作和生活中无处不在。

一次电视台的综艺节目中，主持人向嘉宾提问，问电梯里的镜子的作用。嘉宾都纷纷做出回答，或者是用来检查仪表的，或者是用来提防别人的，或者是用来扩大视觉空间，增加透气感的。

主持人一再地提示仍旧不能得到正确答案，最终说出来了，原来镜子是用来方便残疾人进电梯的时候不必费事，转身就能看到对面的楼层显示灯的。嘉宾们都显得有些尴尬，其中某位嘉宾甚至抱怨说，自己怎么可能想得到。空谈者也和嘉宾们一样，考虑问题的时候常常天马行空，但不幸的是，无论如何开阔都还是从自己的立场出发。我们自以为自己是正确的，自以为自己的想法是最好的。而且，现在很多人都沾染上了这一毛病，对什么都不以为意。他们觉得自己要学历有学历，要资历有资历，是一般人所不能比的。但是仔细思量，他们自以为是的资本也不过是自己熟悉得不能再熟悉的工作而已。

虽然自以为是是人人都有可能犯的毛病，但是如果不加以控制的话，它就会像疾病一样缠着你。一般来说，越是没有深度的人就越会因为自己取得小小成就而扬扬得意，但不幸的是他们往往再没有取得更多的成绩，于是对过去的成就便更加难以忘怀了。

又因为人们对这种思想里的怪病的疏忽大意，结果导致在哪个年代都会有所谓的"愤青"，非常自以为是。

一个自以为是的人是很难有进步的，自然还有可能使自己的很多潜能没机会被发掘，更别说被淋漓尽致地发挥出来了。所以，有的人终其一生还只是停留在能力层面，从未达到潜力层面，工作生活自然少了很多精彩。

所以，请切记一点：一旦有人不经意地说出我们是自以为是的人，为了防止别人更多的不满，最好还是主动积极地确定自己的态度。首先，必须要确定所做的事是否符合上司、所在部门和公司的要求。然后，积极地去寻找"老师"，跟着高手自然就不怕没有进步了。我们应该默默地感谢那些无意中点醒我们的人，不然，我们将很快被所处环境和时代所淘汰。

◎ 目标——让幻想变成现实 ◎

如果没有目标就没有动力，因此树立坚定而正确的目标也是人生获得成功的第一步。

幻想总是比目标离现实更远，因为幻想的可实现性几乎为零，而目标则是可以实现的。

一个人，一旦没有了目标，那么他就只能在人生的旅途上徘徊，也就没有任何所谓的成功可言。想要成就一件事，首先必须要有一个目标。如果没有目标就没有动力，因此树立坚定而正确的目标也是人生获得成功的第一步。而且，如果一个人整天只知道不着边际地幻想，没有任何目标，那么这个人就只可能离成功越来越远，根本就不可能得到成功的青睐。或者可以换句话说，你的过去或者现在并不重要，只有将来要获取什么样的成就才是最重要的。

实际上，一家进步的企业或者组织都会制定有十年甚至于十五年的长期目标。他们的经理人员也会常常做出反省："我们在未来的十年后会变成什么样子？"然后根据所制定的规划做出一切努力。另外，新的工厂也不可能仅仅是为了满足现实的需要，也是为了十年、十五年之后的发展需要。而各研究部门也是针对未来十年或者之后的产品在进行研究的。

每个人都可以从那些有前途的企业身上学到珍贵的一课，那就是我们也应当对十年以后的事情做一个计划。如果你希望10年后变成怎样，那么你现在就必须做到怎样，这是一种必需的想法。这就像没有计划的生意终将会变质（如果还能存在的话），没有目标的人也会变样。因为没有目标的陪伴，我们都不可能获得成长。

数年前，盐湖城内住着一位勤劳节俭的年轻人，他受到了很多人的赞誉。

但是某天，他的一项举动使他的朋友们都认为他疯了。他把银行里所有的存款都取了出来，用来到纽约参观汽车展，并且回来的时候还买了一辆新车。回到家之后，他还把车停到车库中，然后把每个零件都拆卸下来。在检查完所有零件后，他又把车子组装回去。在旁观者看来他的这些行为都太不正常了。而当他一再重复拆卸组装的动作时，旁观者们就更加确信年轻人疯了。

然而，这个年轻人就是后来大获成功的克莱斯勒，而他在盐湖城的邻居们并不了解他隐藏在疯狂行为之下的动机。邻居们从来没有从他那里听说过任何明确的目标，也无法理解对于成功的意识对一个人成长的重要影响。也正因为如此，没有一家大公司或者摩天大楼是以这些邻居的名字而命名的。

当然，一个人确定目标并非易事，它甚至包含了一些痛苦的自我考验。但是无论花费怎样的努力，这都是值得的。

第一个巨大的好处就是使你的潜意识开始遵循一条普遍的规律进行工作，这条普遍规律就是："人总是会采用积极的心态使得其所设想和相信的东西变成现实。"如果你预想出自己的目的地，那么你的潜意识就会受到这样的自我暗示的影响，帮助你达到目的。

如果你知道自己想要什么，那么你就会有一种趋向：试图走上正确的轨道，奔往正确的方向。从此，你开始了你的行动。

一旦你的工作变得有了乐趣，你会因此受到激励并愿意为之付出代价，并且你能够很好地预算金钱和时间从而愿意研究、思考和设计你的目标。同时，你对目标思考得愈多，就会变得愈热情，你的愿望也会变成一种热切的渴望。

当你对某些机会变得十分敏锐了，那么这些机会就会帮助你达到预想的目标。而只有在有了明确的目标之后，你才能明白自己想要的是什么，才会很容易地就察觉这些机会。

除非自己亲自砸毁失败的种子，否则它将会永远存在于一个人的内心之中。在一个人体验了空虚之后，空虚将会成为这个人避免努力、避免工作和避免责任的方式，也因此成为拒绝创造性生活的理由和借口。如果万物皆为空，如果世界不存在新奇的事物，如果无论如何也找不到乐趣，那么我们又何苦自寻烦恼呢？又何苦竭尽全力呢？如果把人生比喻成为一家工厂，我们每天工作八小时也仅仅是为了要有一间能够睡觉的房子；每天睡眠八小时也仅仅是为了第二天能更好地工作，那么我们又何必兢兢业业呢？但是，这些都是不存在的。因为只要我们不把这些作为生活的中心，选择一个值得为之奋斗的目标去追求，那么我们就能体会到乐趣和满足。

拥有失败型人格的人是没办法将自己内心的潜力变成有价值的目标的。相反，还可能会被引向自我毁灭的沟渠里，就像溃疡、高血压、焦虑、抽烟过度、强迫性过度工作，或者不定性、粗暴、唠叨、挑剔、吹毛求疵地对待他人。

而一旦这些人的目标不切实际且不能实现而遇到失败的时候，这类型的人会比以前更加卖力。正如发现自己以头撞石壁的时候，他就会不自觉地认为只有撞得更用力才有可能解决问题。

设定一个明确的目标正是所有成就的起始。很多人之所以失败，就在于他们从未设定过明确的目标，当然也从来没有踏出成功的第一步。

当研究那些已经连续获得成功的人物时，我们可以发现一个共同点：他们每一个人都各自有着一系列明确的目标并已经制订好了达到这些目标的计划，并且还花费很多的心思和付出最大的努力来实现这些目标。

作为全美国最富有的人之一的卡内基曾经是一家钢铁厂的工人，但是他凭借着以制造和销售比其他同行更高品质的钢铁为其目标获得了财富，并使自己有能力为全美小城镇捐资修建图书馆。

这些正是因为他明确的目标不再只是一种愿望，它已经成了一股强烈的欲望。因此，只有发掘自己强烈的欲望才能让自己获得成功。同时，从明确的目标之中会发展出自力更生、人生进取心、想象力、热忱、自律和全力以赴的品质，这些都是成功的必要条件。

此外，明确的目标还具有如下优点。

第一，行为的专业化。

明确的目标鼓励个人行为的专业化，而专业化又使个人行为臻于完美。

一个人对特定领域的领悟力和在该领域中的执行能力都深深影响这个人的成就。而明确的目标就像一块磁铁，它能将成功所必备的专业知识吸引到这个人身上。

预算时间与金钱。一旦确定了明确的目标，接下来就应该开始预算你的时间和金钱，并安排每天为此付出的努力，以期达到这个目标。由于经过实践的预算，每分每秒都会有所进步，因此时间的预算必然是会为你带来效益的。同样，金钱的运用也应该有助于达成明确目标，并能确保顺利走向成功。

第二，对机会的警觉性。

明确的目标会使一个人对机会抱有高度的警觉性，并促使其抓住这些机会。

柏克是一位移民美国并以写作为生的作家，他在美国成立了一家以写短篇传记为主营业务的公司，同时还雇用了六个人。

一天晚上，当他在剧院的时候发现剧院的节目表印制得特别差，还很大，用起来极其不方便且没有吸引力。于是，在他心中就产生了制作面积较小，使用方便、美观且文字吸引人的节目表的念头。第二天，他便准备了一份自行设计的节目表样品给剧院经理过目，并向其阐明自己不但愿意提供品质较佳的节目表，还愿意免费提供以获得独家的印制权。当然，节目表中的广告收入足以弥补印制的成本，并且还能获利。

最终剧院经理同意了柏克的请求，在剧院使用新的节目表。很快，城内所有的剧院都与柏克签了约，这门生意欣欣向荣地发展着。最后，为扩大营业项目，他们还创办了好几份杂志，而柏克也成了《妇女与家庭杂志》的主编。

总之，如果你能够像发现别人缺点那样快速地发现机会的话，你将很快能够获得成功。

第三，对未来的决断力。

成功的人往往能够迅速地做出决定，并不会轻易做出改变；而失败的人却往往很慢才能做出决定，并且还不断地改变决定内容。

我们要记住的是：一个人如果没有为人生中的重要目标做出过决定，那么他就无法自行做主并贯彻自己的决定。

另外，实现确定自己的目标有助于做出正确的决定，因为你随时可能需要判断你所做出的决定是否有利于目标的实现。

第四，促成与人合作。

一个人一旦有了明确的目标，那么这个人的言行和性格将会散发出一种信赖感，而这种信赖感会吸引他人的注意并最终促成自己与他人的合作。

然而，对于那些无法决定自己重要目标的人而言，也会受到来自其他自行做出决定的人的鼓舞。同时，那些少数已经踏上成功之路的人则会辨认出谁才是成功之路上的伴侣，并愿意为之提供帮助。

◎ 目标是"抬头看灯"而不是"水中捞月" ◎

设立的目标必须是有可能实现的。如果目标不切实际，并且与自身条件相去甚远，那么最终只能收获失败。

目标是一个人前进的标尺。在电视连续剧《大长今》中，长今的母亲朴明伊中箭，在弥留之际留给长今一份最大的遗产，那就是帮助长今树立成为"御膳房最高尚宫"的目标。在有了这个目标后，长今经过不懈努力终于使之实现了。前进的道路是由目标指引的，而准确把握人生的航向正是通往成功的第一步。

对于身在职场的人而言，树立目标是第一要紧的事。有了目标之后工作才会有机会，同时自己也才有努力的方向。

在生活中不乏这样的人：他们整天辛勤工作，从不偷懒，但终其一生也只能养家糊口，求个温饱。从表面上看来，他们的兢兢业业和恪尽职守很让人钦佩。但是，当他们老了之后却又会感到自己人生的平淡无奇。相比之下，令他们不解的是，一些人并没有他们勤奋却获得了更大的成就，过上了更好的生活。

事实上，问题的症结就在于他们不明白所有的成功人士身上都会有一个突出的特征：做事有明确的目标。成功是无法离开明确目标的。

现代职场上，一个拥有目标的人一定会比一个没有目标的人更有所作为。虽然目标不能完全实现，但是他们成功的概率至少比那些没有目标的人要高得多。

1953 年，耶鲁大学曾经对毕业生进行了一次关于人生目标的研究调查。在开始调查的时候，研究人员会向参与调查的学生询问这样一个问题——你们是否有人生目标？对此，仅有 10% 的同学确认了自己有明确的目标。

接着，研究人员又会问第二个问题——如果你们有目标，那么，可否将你们的目标写下来呢？这一次，仅有 3% 的学生回答是肯定的。

20 年后，耶鲁大学的研究人员继续追访了在世界各地的当时参与调查的学生。结果，他们发现，那些当年把自己的人生目标写下来的学生，无论是在事业还是在生活水平上都远远超过那些并没有这么做的同龄人。并且这 3% 的人所拥有的财富总和竟然也超过了剩下 97% 的人所拥有的财富总和。

事实证明，这 3% 的人成功的原因正是在于他们拥有明确的目标。

对长今来说，她为自己树立的目标就是当上御膳房最高尚宫，这个目标是看得见且能够通过努力实现的。但如果长今将自己的目标定为当皇后娘娘或者是提调尚宫的话，那么恐怕她将很难实现这样脱离现实的目标了。

以长今的实力来说，当御膳房最高尚宫是完全可行的。而且，实际上，这个目标也确确实实实现了。

一般实干的人都会为自己树立一个能够实现的目标。因为他们知道，如果制定过高的目标非但不会使自己踏踏实实地工作，还无法发挥出目标的激励作用。因为脱离现实的目标即使经过大量的付出仍然是很难实现的，而我们则会为此变得懈怠和灰心。

大学生李力就是一个很好的例子。

大学毕业后的李力进入了一家电脑公司工作。从第一天起，他就为自己制定了先成为比尔·盖茨式的企业家然后成为一个政治家的奋斗目标。为了实现这个目标，李力不屑于做小事，相反，总喜欢接一些有难度、有挑战性的工作，但是因为他能力有限，这个目标很难实现，反而在最后被老板炒了鱿鱼。

然而同在一家公司的李力的同学王星的情况却大相径庭。王星从进入公司的第一天起也为自己制定了一个目标：用两年的时间当上部门经理。之后，"部门经理"就像一面旗帜使他每天都按照部门经理的身份要求自己。目标确实是一个神奇的东西，王星被这个目标驱使着疯狂地工作。虽然工作会有些累，但是看着自己的工作业绩，他体会到了生活的充实和希望。

不到一年时间，王星就被提拔成了主管。之后的他更加努力，虽然为了工作牺牲掉很多娱乐的时间，但是因为有了目标使他感到工作是一种需要和享受。于是，他的工作能力和业绩获得了公司总裁的认可，在当上主管之后不到半年又被提拔成了部门经理，也是公司提拔最快、最年轻的经理。

脱离现实、好高骛远正是李力失败的症结。在确立目标的同时，他并没有认真地分析自身的素质和所处的环境，而是制定了一个不切合自身实际的目标。而王星之所以实现目标，除了自身的条件之外，还因为他为自己制定了一个符合实际并可实现的目标。

从故事中我们可以知道，在职场中的员工所设立的目标必须是看得见且有可能实现的。如果制定的目标不切实际，并且与自身条件相去甚远，那么就不可能做得到。

　　总而言之，设立一个无法实现的目标与没有目标毫无二致，就像是李力进入公司后梦想自己能和比尔·盖茨一样，最终只能收获失败！

◎ 锁定目标是高绩效的保证 ◎

只有盯住目标才能使你的奋斗和努力有意义，你的工作能力也才会随着目标的逐步实现而不断增强。

生物界中，有一种毛毛虫，它们专在松树上结网筑巢。每到夜幕来临，它们便会集体外出觅食，排成纵队，一只紧跟着一只。

某天，一位法国昆虫学家突发奇想，并用它们做了一个有趣的实验：他将一队毛毛虫引到一个花盆边沿使其围成一圈。然后，再在花盆中间放上一些可口的松叶。结果，毛毛虫们只会围着花盆一圈又一圈地打转，一只跟着一只，却没有任何一只毛毛虫知道自己的目标是什么。于是，七天后这些毛毛虫因为饥饿而死掉了。

由此可见，没有目标的行动与梦游并无二致。如果你在工作中没有目标，那么你的绩效便无从谈起。如果你想让自己现有的效率获得改善，那么你首先要做的就是树立自己的目标。目标是做每一项工作的根本，是一种"行动的承诺"，有助于加快工作的速度并由此达成你身上所背负的使命。同时，它又是一种"标准"，借此可以测量你的行动绩效。

对于每一个人而言，只有把注意力凝聚在目标之上才能清楚地懂得自己应该做些什么，应该怎样做，并且还能使自己能够准确评价自己的行为。但是，这些往往很容易被很多人忽略。

一位老师曾经给他的学生讲过这样一个故事。

有三只猎狗同时在追一只土拨鼠，而这只土拨鼠钻进了一个树洞，这个树洞只有一个出口。可是，不一会儿，从树洞里却钻出了一只兔子。兔子飞快地向前奔跑，并安全爬上另一棵大树，但是仓皇中竟没有站稳——它从树上掉了下来，同时砸晕了正仰头张望的三只猎狗。因此，兔子逃脱了。

故事讲完以后，老师询问同学们是否看出这个故事有什么问题。有人回答说兔子不会爬树，有人回答说一只兔子不可能同时砸晕三只猎狗。

直到最后都没有人能挑出毛病，老师这才问道："刚才你们并没有发现，土拨鼠去哪里了？"

原来猎狗追的是土拨鼠，但是它们的注意力却被突然钻出来的兔子吸引走了，并忘了最初的目标。在追求目标的过程中可能会半路冲出一只"兔子"来分散你的注意力，扰乱你的视线，最终使你中途停歇或者走上歧途而放弃自己原始的目标。譬如说，你本来是要进一步完善策划方案的，但是中途却发现自己的着装总是不招人喜欢，于是便开始潜心研究服饰搭配再也不去思考策划方案的不足和缺陷了……

因此，只有锁定目标才是高绩效的基础。只有盯住"土拨鼠"，盯住原来的目标才能使你的奋斗和努力变得有意义，你的工作能力也才会随着目标的逐步实现而不断增强。

在忙碌的日常工作和生活中，环境不断发生变化，只要面对生活中的琐事能保持清醒的头脑和清晰的思路，那么你就能从复杂的环境中提炼出简单的行动计划并最终循序渐进实现。

◎ 做事有章法，不能"一把抓" ◎

做事应当坚持"要事第一"的原则，只有按照事情的轻重缓急，把事情做得有顺序、有条理，效率才可能提高。

众所周知，凡是能够在工作岗位上实干工作的人，他们都能做到始终专注于自己的工作。

美国著名政治家亨利·克莱曾经有过类似的表达："当我遇到重要的事情，虽然我并不知道别人会做何反应，但是我每次都会全身心地投入其中，根本就不会注意到周遭的世界。那一刻，我完全感觉不到时间、环境、周围的人的存在。"

工作中，只有当你一心一意、集中精力专注做事的时候才能发现工作中的小细节，也才能竭尽全力保证完成工作，并且比别人更加能够找到通往成功的突破口；反之，你便很难避免在工作中出纰漏，非但不能完成工作反而还会令你丧失工作机会，甚至于还会给公司带来损失。

那么，工作人员要如何才能做到专注工作呢？

第一，处事有序。

在一般人看来，一个人如果有拖延习惯，那么这个人就是一个不负责任、工作懒散的人。然而实际上，在这些人中有相当一部分做事确实勤恳卖力，但仅仅是因为最终效率极低罢了。追根究底，主要因为他们缺乏做事所需的全局视野，工作不分轻重缓急。但是，他们如果能够合理调配时间，分清主次的话，那么将会在有限的时间内完成更多的任务，使效率得到提高。

概言之，做事应当按照章法完成而不能眉毛胡子一把抓。只有按照事情的轻重缓急，一步步地把事情做得有顺序、有条理，这样做事的效率才可能提高。无论做什么事都必须要从全局的角度对事情进行规划，然后将总体目标分成若干小目标，最后在其中区分轻重缓急。并且要是能始终坚持这种从全局进行统一规划，同时坚持"要事第一"的做事原则的话，那么久而久之，"先做重要事情"的好习惯则会培养而成。

第二，排除次要干扰。

德国著名作家歌德曾有过一句名言："重要的事情绝不能因为次要的小事而受到羁绊。"在日常工作中，当我们正努力向自己的目标前进的时候总是会被各种各样的事情所干扰，这些干扰有时是来自经济方面的，有时也会是来自家庭方面的。这些干扰因素就是对我们把握重要事务能力的挑战。设想一下，如果我们因为这些次要的事务而停止前进的步伐，甚至于为之偏离目标的方向，那么，成功将会离我们越来越远。

并且在工作中，如果想有效完成工作，那么就必须集中精力于当务之急的事情，同时排除那些次要事务的羁绊。在我们进入行动状态之后，必须全力以赴地向前迈进，这样才能更容易完成任务，才能更容易取得成功。

第三，一次只做一件事。

专心自己已经决定好的事情，并且放弃其他所有的事。这要求一个人将需要做的事情想象成一大排中的一个个小抽屉，其所需要做的仅仅是一次开一个抽屉，然后完满地完成抽屉中要求的任务再将抽屉推回去。不要总是想着所有的抽屉，相反，必须集中精力去关注你所打开的抽屉，而一旦抽屉被推回去就不能再去想它。一次一事，并且全心全意地投入把它实干到位，这样才不致使自己内心感到筋疲力尽，而且还能更好地了解自己每次任务所承担的责任和极限。然而，如果把自己弄得筋疲力尽且失去控制，那么这就是在浪费自己的工作效率。因此，我们应该首先选择重要的事情去做，把其他的事情暂且放置一旁。做得少一点，做得好一点，这样才能从工作中获得更多的乐趣。

第四，培养自控能力。

现实生活中每个人都是兼具理性与感性的，而人们的大部分行为也都以感情为出发点，这才是人性的真实面。有时候，人或许会因为别人的一句话而耿耿于怀，动辄勃然大怒，根本无法自控。可是，一旦情绪过后，又会后悔不迭。以上的描述正是很多人的通病。其实，那些因为个人某方面致命的弱点或者缺陷而最终失败的人在失败者中并非少数。对于这样的人，他们就一定要培养自我控制能力，克服内心浮躁情绪。并且还要经常思考自身的不足和弱点，既要自我崇拜、信心十足，还要自我反思、随时改正，同时还必须不断地完善自我从而提高自身。只有能自我克制的人才能不为外界环境所左右，才能真正做到专心致志，专注于自己所定的目标。

第五，训练集中能力。

在中国古代，铸剑师为铸造一把好剑往往必须到深山中潜心打造十几年。有道是，"十年磨一剑"。作为一个实干的人员，绝不能把精力分散到几件事情之上。换言之，一个人不能因为处理并不迫切的事情而影响到完成重要的事情。专注能够保证一个人做事最大效率地发挥。为了完成一项工作，你必须远离某些使你分散注意力的事情，集中精力选准主要目标且专心致志地向该目标前进，只有这样才能保证成功的取得。

总而言之，求真实干就是要求一个人必须在工作中真正做到心无旁骛、全神贯注地完成自己的工作并全力以赴达成自己的人生目标。只有做到这些才能成为单位最受欢迎的员工，也才能在自己人生的道路上顺利前行。

◎ 理智执行，别让忙碌成盲目 ◎

为了让忙碌不变成盲目，需明确实现目标的必要步骤，然后，安排好各步骤之间的先后顺序，并规划实现目标的最佳路线。

现实生活中，很多人其实能力不可谓不高，时间不可谓不多，但是他们的工作进度却依然十分迟缓，完成任务的效率也差强人意。那么，为什么会出现这样的现象呢？

究其原因，就是因为目标执行过程中出现了偏差。盲目地执行目标是导致一个人虽然才华横溢却效率低下的直接原因。

有这样一则故事。

某厂一台机器因为丢失一颗螺母而无法运转，并影响了整个生产进程。为此，老板便焦急地要求维修工必须在两分钟内解决问题。当然，对于维修工而言单纯换一颗螺母并不是什么问题，于是他将所需工具和一大铁盒的各种型号螺母放到那台机器前，准备进行修理。

但是，情况远远超出了预想。一盒子的螺母竟然没有一颗符合要求。这使得维修工陷入了沉默。

维修工所负责的也仅仅是维修工作，但是巧妇难为无米之炊。再厉害的维修工也不能对此有所作为。因此，我们不能急功近利，相反必须在注意自己的目标的同时找到那颗所需的螺母，只有这样才能进一步解决下一步的问题。

如果把大目标比喻成一座金字塔的塔尖，那么我们所制定的每一个小目标以及为达到大目标所做的每一件事情都是金字塔的塔身。

因此，在为一项工作制定目标的时候，我们必须注意以下三条原则：放弃追求完美，一切从实际出发；推迟重大决策，凡事从小处着手；切断所有退路，让自己别无选择。

为了让我们的忙碌不变成盲目，我们不妨为自己的目标画张地图。首先，我们可以将实现目标所需的时间、精力和资源都一一列出，并明确实现目标的必需步骤。然后，将其中的不利因素全部排除。接着，安排必须完成的步骤之间的先后顺序，并最终为自己规划出一条实现目标的最佳路线。

◎ 目标分解，让马拉松变轻松 ◎

将大目标分解成一个个小目标，可以让我们在短时间内看到工作成果，从而激发出潜能实现大目标。

某商学院学生集体到野外登山，他们的老师为了让这次活动更加有意义，便事先将一面红旗插在某个隐藏的地方。然后，他对同学们说："我在山上某处插下一面红旗，现在你们可以出发去找到它，而最先找到的人将会拥有那面红旗。"听到这句话后，同学们都兴高采烈地出发了，可是他们越找越累，最终失去了寻找的兴趣，都在一块山石上坐了下来。

于是，老师鸣哨集合并对大家说道："我把红旗插在了下一座山的山顶上，而从这里有四五条路径能够到那里。你们分成三组，各选路径寻找。哪一组先找到，哪一组就能拥有红旗。"三组同学在各自推选各自的队长并由其选择一条路后同时出发了。

他们先后接近那座山顶，就在即将到达的时候都发现了那面红旗。结果每个队员都能奋力向前，没有一个人因为劳累、疲惫而抱怨或者放弃。

登山结束后，老师向同学们说："山上的那面红旗就像是你们的目标，在漫长的人生路上，你们的每一次行动都必须要有明确的目标作为指引而不是漫无目的地到处乱跑。并且，你们不能轻言放弃，否则可能什么也得不到。"

事实上确实是这样的。如果一个人工作到了一定的时间和程度却仍然没有看到成效，那么他将会产生焦躁不安和厌倦的情绪，从而对手中的工作失去兴趣，最终致使工作止步不前。因此，我们可以将大的目标进行分解成为一个一个小的目标分别实现。并且，相对于大目标而言，小目标则是成绩最好的显示器——它更加能够让我们在较短时间内看到自己工作的成果。而当我们一步一步完成这些小目标的时候，最终的大目标也终将会实现。

　　对此，心理学家曾经做过这样一个实验。

　　组织三组人让其分别向着一万米以外的三个村子进发。

　　其中，第一组的人既不知道村子的名字，也不知道路程的远近，只被告知必须跟随向导前进。于是，才刚走出两三千米的时候就开始有人叫苦不迭；等走到一半路程的时候，有的人几乎愤怒了：他们抱怨为什么要走那么远的路，要到什么时候才能到达终点；更有甚者，有的人坐在路边不愿意再前进一步。越往后他们的情绪就越低落。

　　第二组的人虽然知道村子的名字和实际的距离，但是路边并没有里程碑，只能凭借经验来判断行程的时间和距离。走到一半的时候，大多数人只能从比较有经验的人那里获知走了一半路程。大家又继续向前走，但是，当走到全程四分之三的时候，大家的情绪开始出现低落。他们觉得疲惫不堪，而剩下的路程似乎还有很长。直到有人说："快到了！快到了！"大家又重新振奋起来，加快前进的步伐。

　　然而，第三组的人不仅知道村子的名字和路程，而且在路旁每1000米都会有一块里程碑。人们一边前进一边看里程碑，并且在行进中用歌声和笑声来消除前进的疲劳，情绪一直很高昂，最终很快就到达了目的地。

从这个实验中心理学家得出了如下的结论：一旦人们的行动有了明确的目标并能够不断地将行动和目标进行对比参照，他们将会很清楚自己与目标之间的距离并能够长时间维持和加强行为的动机，从而克服一切困难并最终努力实现目标。

◎ 实干者进步无止境 ◎

一个实干的人必须要不懈地追求，这样才会有惊喜，这样才会有进步。

现实中有很多人会在仅仅取得一点点成就时就沾沾自喜、扬扬得意，似乎这一生就可以得到极大的满足。但是仔细一想，这类人大概不是敢于追求的人。敢于追求的人是不会因为一点小小的成就而停止前进的步伐的。

同理，对于普通人而言也是这样的。如果我们仅仅满足于应付工作，随意地将工作完成，那么这将不会为我们带来任何成就。我们应该仔细地观察每一个细节，然后审视自己是否做得到位，还有哪些地方需要提高。只有这样，我们才会在工作中达到新的高度，才可能获得更高的职位。然而如果只是因为一点成绩就居功自傲的话，那么以后的工作将很难有更出色的表现。不进则退，因为我们的同事正是我们的竞争者，因此可能别人此时已经走在我们的前面。所以，对未来需要保持更长久、更高的追求。

众所周知，犹太人很会做生意。19世纪初的德国就有犹太人在经营头发制品的生意了，后来又逐渐转移到了日、韩两国。然而从清末到20世纪80年代近百年间，中国河南许昌虽然作为全世界最大的人发集散地，却一直只能做原材料廉价出口，许昌人只能看着主要利润流入外国人口袋中。

然而"江山代有才人出"，许昌的这种状况终于发生了改变。20世纪90年代，青年农民郑有全带领着亲友街坊几十号人，开始了由人发出口到工艺发制品转换的艰苦求索。

　　当时，在一无设备二无技术，外加国外企业实施严密封锁的极端艰难条件下，他们凭借着顽强的意志力和惊人的毅力，进行了数万次的实验。在不断地聘请师傅，不停地熬夜之下，他们终于制造出了机器设备，生产出了精美的发制品并得到外商的认可，实现了资源的就地转化升值。

　　在1992年邓小平的南方谈话中获得鼓励的郑有全决定"大胆地闯，大胆地试"，决心走进美国市场，并为此进行了历时一年的谈判。

　　但是自从美国"9·11"事件之后，美国发制品市场便一度陷入低谷。郑有全为营造"东方不亮西方亮"的营销格局，又把目光转向了欧、非两大市场。但是具体怎么做，只能边干边探索。其中，进军非洲市场的实施方案还是在尼日利亚一家宾馆里经过深思熟虑之后拟订出来的……

　　"宝剑锋从磨砺出"。现在，郑有全所经营的"瑞贝卡制造"的"头上时装"风靡全球，而瑞贝卡人则一直是将小商品做成大买卖的人。然而，他们并不满足于一年赢利几千万的现状，不安心过"四平八稳"的日子。于是，郑有全想到了缩小与国际发制品巨头之间的差距，并且发展成为国际发制品行业的龙头。

　　事实上，如果一直满足现状或者依靠自有资金"小打小闹"，结果将有可能是走一段漫长的道路，而改制上市不失为一条加快发展的路子。

　　可现实中却永远是说的远比做的容易。此时此刻的郑有全面临着前所未有的严峻考验：虽然公司长期以来都是他一个人说了算，而其他人也因为亲情或者部属关系，对他也不会轻言拒绝。但是，一旦改制成为上市公司，任何重大的决策都必须要经过董事会决定，就连他这个"大老板"也必须置于监督之下；再者说，一旦改制成功，他不但需要对自己负责，还需要对公司其他股东负责。从某种意义上说，就是自己辛辛苦苦经营的财富不仅要让给别人一部分，还必须另外承担一定的风险……当然，最终郑有全战胜了自己，并成功说服部下同意。

1999年，公司整体改制。2003年，瑞贝卡股票作为中国发制品行业第一股，在上海证券交易所挂牌上市。

如今，放眼瑞贝卡大道东段两侧的公司发制品生产区内，科技大楼巍然屹立，一排排现代化生产车间鳞次栉比，园区内绿树婆娑、花香四溢……

"路漫漫其修远兮，吾将上下而求索"。郑有全又把眼光锁定在了拥有自主知识产权和自主品牌的国际化企业集团和成为世界发制品王国的目标上。

永远在路上，一个实干的企业在不懈追求，一个实干的人也必须要不懈地追求，这样才会有惊喜，这样才会有进步。

◎ 不懈追求，才是真正的实干 ◎

成就并非一时的努力所能达到，必须不懈地追求，向前，再向前，才是真正意义上的实干。

一个人如果想要有所成就，他就必须不懈地追求，并非一时的努力所能达到的。有时候，很多成功的人还没来得及品味成功的滋味就又开始了新的征程，这其中的艰苦更不待仔细品味。当追求成为一个人的信念的时候，那么他就再也无法停下来，只是向前，再向前。

因此，为了让这种追求成为一种自然而然的力量并促使自己取得更大的成功，我们应该时时刻刻想着自己的追求。

奥贝尔总经理骆宝华有很多惊险的采石经历，但是在强大的目标吸引之下，他从来没有畏惧过。

由于在一个矿区不同地方开采出来的石头成分会有所不同，所以骆宝华必须经常去勘察新的矿苗，以符合陶瓷厂的需要。然而新的矿苗往往是在穷乡僻壤、人迹罕至的地方，危险性相对也就大些。在骆宝华的口中，开车前往新苗区也正像是坐云霄飞车一样，一路都是曲斜。走在这样的石头路上，稍有不慎就会翻车。

在看过几处新苗区之后，他都觉得不满意。正当茫然无措的时候，矿长告诉他，已经找到了好的矿苗。

尽管外面还在下着雨，但是骆宝华还是立即让矿长带他上山。车不能行就靠双脚，上午十点多出发，下午两点到矿区。矿区到新苗区还是不能开车，他们又走了一个多小时。

看到新苗区之后，骆宝华想爬进去一看究竟，这却把矿长吓了一跳。

因为接连几天的雨把土石淋得松动而容易掉落，要是一块石头掉下来把洞口堵住，人恐怕是出不来了。

但是骆宝华坚持要进去看到新苗的质量才能放心。

于是他看见矿坑里有积水之后就立即脱下鞋袜，光脚爬过大石头，弯腰进入了高仅一米五的坑里，矿长怎么拦也拦不住，只好跟随他一起爬进去。

可实际上坑洞不仅狭窄，四周还都是出角石头，要是一个不小心抬头可真是要头破血流了。再者，雨水积留在坑洞里，越往里水位越高，而且外面还在下着雨。

然而骆宝华一心只想着找到好的新矿苗，根本没心思理这些。在爬了200米左右，他们终于看到了新矿苗。凭借多年矿石开采的经验，骆宝华早已练就了识别矿苗质量的本事。他拿起石头一看，立马认出是好苗，心中的大石终于落了下来。

骆宝华时时想着不断地开拓自己的事业，攀登更高的高峰，这样的追求，哪怕是艰险的环境也无法令其停止下来。

不懈地追求孕育了成功。现实中有很多企业在激烈的市场竞争中灵活多变，快速适应市场的变化，永远不懈地追求着。

江苏远东控股集团在最初创业的时候，全部家当也不过两台陈旧的挤塑机，若干灰头土脸的辅助设备，一排不到 300 平方米的简陋厂房和 36 名刚从田埂、泥塘走出来的"泥腿子"。

然而，经过 18 年的不懈奋斗，远东集团如今已经成为销售收入超过百亿元，年均增长 40%以上，产销连续十年居同行业之首，以电线电缆、医药、房地产、投资为核心业务的大型民营控股集团，并同时被誉为"全国企业 500 强"、"中国顶尖企业 100 强"，其也成了全国驰名品牌。而且董事长蒋锡培在 2002 年当选为党的十六大代表，成了当时唯一一位民营企业的党代表。

而且，远东集团在不断追求自我、超越自我，根据企业所处环境的变化不断完善自我，并在企业发展过程中经历了四次改制。

第一次改制是 1992 年把私营企业改制成为集体企业，赢取了较好的发展坏境。这次改制一举解决了远东集团人才引进、融资、享受政府支持等深层次的问题。截至 1994 年底不到四年间，集团销售收入已逾 1.5 亿元，总资产较改制前增加了十倍，一跃成为江苏省宜兴市最大的电缆企业。

第二次是 1995 年由乡办集体企业改制为股份合作制企业，不但实现了资本有效营运，还使企业更具发展活力。远东集团针对集体企业在运行中出现的产权不明晰、职责不明确等弊端，成功募集了 1350 万元的内部员工股，并于 1996 年将内部员工股增资扩股到了 4500 万元。这一措施把每位员工都纳入了"目标共识、责任共负、风险共担、效益共享"的企业共同体中。

第三次改制是 1997 年 4 月与中国华能集团公司、中国电网有限公司等四大国有企业的联合，共同投资 1.02 亿元组成了全国首家跨地区、跨行业、跨所有制，既有国家股、集体股又有个人股的混合所有制企业。同时，还实现了资源和优势互补，创造了极为广阔的市场前景。

第四次改制则是 2002 年企业借电力体制改革之际，出资回购原有 68%的国有股和7%的集体股，远东再度民营化。通过五年的合资，四大国有企业获得了股东应有的回报，而远东集团也拓展了自己的电力市场，构筑了进一步发展的战略平台，双方实现了真正的互利共赢。接下来，远东集团进一步明晰产权制度，健全董事会、监事会，重组了新的远东控股有限公司，成了名副其实的民营企业集团。

远东的这四次改制，可谓是找准了激发企业活力的突破口。企业每年以40%以上的速度快速发展，以至2004年销售突破百亿，创造了业内以及企业界的不凡业绩。可以说，第一次的改制赢得了政府和金融部门的支持，第二次则迅速实现了全面资本扩张，第三次迅速做到规模裂变，第四次完善了法人治理结构。

通过四次改制，远东集团由一个名不见经传的小企业发展成为了领航电缆行业的龙头企业。这时候的远东并没有像美国胜家公司和日本力卡公司那样停滞不前、坐享其成，相反，它又开展了第二次创业，创造了"业主＋基金"的新的赢利模式。

这一创新赢利模式是远东面对中国资本市场与国际全面接轨之后的华丽转身。而对于这一新模式，远东集团对媒体的阐述为："远东启动'业主＋基金'模式是基于对中国资本市场的良好预期。"

远东人在不断追求，因而使远东一直处于市场的前沿地带，使远东永葆活力，获得了长足发展。

一言以蔽之，成功的个人或者是企业都更关注自我的成长，敢于自我改革，不断提升自我，这才是真正意义上的敢干事。

第三章 ╱ 空谈于事无补，实干行之有效

工作不能夸夸其谈，拖延不前；然而仅仅只是去做也是远远不够的。假如不注重细节小事，就不能把工作做到位，那么之后步步也不会到位，这样会阻碍工作进展。差不多就意味着差很多，唯有对自己高标准、严要求，才能提升工作效率，进而获得更多的发展机会。

◎ 浮躁是实干的阻挠 ◎

实干的心态是我们所必须拥有的，只有去除内心的浮躁，才能为自己注入新能量，赢得成果。

当听到有人说"浮躁是国人的致命伤"的时候，我们往往感触颇深，认为不无道理。

正是因为浮躁，社会上就会看到：因为一家企业赚了钱，便有很多同类企业一哄而上。

就以影碟机为例，1995 年到 1998 年间，全国影碟机生产企业由十多家发

展到了数百家，竞争到了白热化的程度，以至于有的企业刚开张就开始面临倒闭。

正是由于浮躁，企业不愿苦练内功，而是把赌注押在了广告上，于是导致电视台黄金时段的广告价位扶摇直上。一家酒厂曾经就以天价夺得标王的称号，企业效益立竿见影，但也只不过是昙花一现。

也正是由于浮躁，造成了假冒伪劣产品屡禁不绝。例如，在有长途汽车站的附近，十元钱就能买到三包高档香烟：玉溪、中华、红塔山各一包。

以下就是浮躁心态的集中具体表现：

第一，虎头蛇尾，不能认真做完一件事。

我们在工作中经常能够遇到虎头蛇尾的情况：一件事的开头往往很好，甚至很精彩，但是结尾却无处可寻，即使追寻下去得到的也只不过是一些借口和含糊不清的解释。也就是平常所说的开始噼里啪啦，结尾稀里哗啦。

譬如很多企业在年初都会开列一系列计划目标，并且细分到每一个具体部门、每一个单位甚至每一个人，所做的事情也是按照顺序排好的。但是，到了年底，这些目标计划的完成情况确实堪忧：要么统统没有下文，要么就是只有包含着大量大约、可能等词汇的含糊不清的总结。

可是，如果每一件事都要等人来监督才能积极反馈，那么工作的目的便不知所踪，而工作的意义也会荡然无存。

第二，投机取巧，妄想以小换大。

我们通常能看到周围很多有才能的人，见过他们的人都理所当然地预设他们的成功，可是结果往往会出人意料，到底原因何在呢？

原来就是因为他们自恃聪明，习惯于在工作中投机取巧，妄图以小换大。因此，他们希望到达辉煌的巅峰，但是又不愿意经过艰难的跋涉；他们渴望取得胜利，但是又不愿意做出牺牲。然而，投机取巧是一种普遍的社会心态，成功者的秘诀恰恰就在于他们能够克服这种心态。

有这样一个故事。

一个人看见一只年幼的蝴蝶在茧中奋力挣扎，觉得它太辛苦。于是，出于怜悯，这个人就用剪刀小心翼翼地将茧剪掉一些以方便它能轻易爬出。然而不久，这只幼蝶竟然死掉了。这是因为幼蝶在茧中挣扎正是生命过程中不可或缺的一个重要部分，是为了让自己的身体更加结实，翅膀更加有力的一种手段，而这种投机取巧的方式只会令其丧失生存和飞翔的能力。

同样地，在工作中投机取巧或许暂时能让你获得便利，但是在心灵中却埋下了长久的隐患，从长远来看，你受到的伤害将会不仅于此。

第三，宽于待己，用最低标准要求自己。

这些年，在大学生中间掀起了一股"考证热"。很多在校大学生为了毕业易于找到工作，在校期间疲于考取各种名目的证书，当然其中不乏弄虚作假之流。他们似乎在为自己增值，殊不知却是样样通样样松。一位著名的企业家曾经说过："'万事通'在过去是稀缺人才，到现在却是一文不值。"企图掌握好几十种职业技能，还不如选择精通其中的几门。什么事情都略知一二，还不如在某些方面懂得更多，理解得更透。

正因为现代社会要求我们做到的往往就是"精"而不是"通"，所以我们需要不停加强和丰富自己的专业知识，依靠艰苦训练强化自己的专业地位，直到比你的同行知道得多。如果无法比他人做得更好，那么就别妄想超过他人，更加无法形成自己的核心竞争力。核心竞争力把自己与他人区别开来，也使得自己变得不可替代。

第四，应付了事，做得差不多就好。

每一家企业都可能有这样的员工：他们每天按时打卡，准时出现在办公室，但是却没有及时完成工作；每天早出晚归，忙忙碌碌，却不愿尽到自己的责任。对这样的人而言，工作也只不过是一种应付：加班要应付，上司分配的任务也要应付，工作检查更要应付，甚至于就连睡觉时也忙着思考怎么应付明天的工作。

一年 365 天，一天 24 小时，一小时 60 分钟……他们在应付中生活，以应付为伴，坚持当一天和尚撞一天钟。他们从不打算去认真、踏实地做好一件事情，更加不可能有奋斗目标，也就没有成就感，终日心神惶惶，过着辛苦的日子。

而且，应付了事是员工缺乏责任心的一种表现。实际上，这就是一种工作上的失职，也是隐藏在我们通往成功道路上的一颗定时炸弹，时机一到就会砰然爆发，贻害无穷。

第五，偏离目标：没有一件事是正确的。

作为一名合格的企业员工，他的第一要务就是找准目标。

工作中，找准方向是一种智慧，是一种责任。因为一定时期内，一个人或者是一家企业的目标往往是统一的，资源和能量也是有限的。一旦你的工作偏离了企业的目标，那么你的工作非但对团队没有任何意义，还会占用公司资源，这时候你的工作将会因此给公司带来双重的损失。

自视过高、不听劝诫，这些都是一般人经常犯的错误。尤其是在学习成长的路上，实干的心态正是我们所必须首先拥有的，只有把自己内心中的死水倒掉才能承接学习过程中不断注入的甘泉。

◎ 小事做到位，大事就能做对 ◎

小事做到位，大事自然就能做好。我们要把"做事做到位"当作一种习惯，最终便会与"优秀"结伴。

在职场常常能够听到这样一句话：工作不用太认真，差不多就行了。近年来，听到这样类似的话越来越多。可是，这种工作态度所引起的结果却往往会被很多人所忽视，殊不知，这种工作态度对我们的职业生涯将会产生十分巨大的影响。成败，说起来似乎很遥远。但事实上，两者之间就只差那么一点点。

两个乡下人一起来到一座大城市，都选择了卖菜为生，并且在一个菜市场上相邻的两个摊位。虽然都是卖菜，但是几年下来却卖出了天壤之别。一个成了蔬菜批发商，手里两百多万。另一个却因为生活无着落，只好回到了乡下。

就拿这两个卖菜的人来说：成功者每天卖菜都会拿出一点时间把黄菜叶子和烂根去掉，把菜弄得水灵灵的好看；而失败者却从没有对此加以注意，在他看来黄叶子和烂根都是正常的。另外，成功者每天都会把菜摊收拾得规规矩矩，把菜码放得整整齐齐，让人看着就舒服；而失败者只是把菜往地上一摊便不再理会。而且，成功者每天都要多卖半个小时，尽力全部卖完；失败者则认为无所谓，今天卖不完还有第二天。

就正是这些细微的差别，日积月累，两个乡下人一个在城里站住了脚，另一个只好回到了乡下。

工作中，你觉得自己与他人的水平差不多，所做的工作也不相上下，然而到了升职的时候却总没有你的份儿。追根究底就是因为你的工作没有做到位。

很多人做了不少的努力，付出了许多的精力，但是当工作即将完成的时候却又开始放松了。成功就在这最后一步，而这被忽略的一步恰恰是最重要的。它之所以重要，是因为只有做好这最后一步，工作的结果才能体现出来，少一点都不行。正是因为这最后一步，你也失去了很多晋升的机会。

越是细小的地方就越需要仔细，小小的细节就能折射出很多的东西。销售员注意细节会让客户感受到一份责任，从而赢取长期的信任和合作。财务人员注意细节则会减少公司资金的漏洞并能及时挽回损失。关注细节并非杀鸡用牛刀，因为事情都是积累而成的，今天的一件事做得不到位，那么最终只会给自己堆起来许多"差不多"工程，只能自食苦果。

一步不到位，那么之后步步也不会到位，最后当你看到事情的漏洞无法弥补之时也就是自己被惩罚的时候。

力争把工作一次性做到位，在第一遍做的时候就要把事情做好。如果第一次不把小事做好，那么以后就要在更小的事情上操劳。

现代职场上，公司里的很多员工凡事得过且过，总是做不到位，因而在他们的工作中常常会出现以下的问题。

半成的人不是在工作而是在制造矛盾，无事生非就是破坏性地工作；

一成的人正在等着机会，也就是不想做；

一成半的人正在为增加数量而工作，即是蛮干、傻干、胡干；

一成的人没有为公司做出过任何贡献，也就意味着他们在做，但是无效劳动；

两成的人正在按照低效的标准或者方式工作，代表着虽然想做，但是不会正确有效地做；

只有四成的人属于正常范围，但是绩效不高，这也就是不能做好，工作不到位。

仅仅做事而不会做成事的人大有人在。虽然不少人看起来一整天都很忙，似乎有做不完的事，却忙而无效。要想从"做事"变成"做成事"，首先必须做到任务一旦明确就必须完成，不允许有任何借口和拖延。

小事做到位，大事自然就能做好。在职场中拼搏，我们一定要把"做事做到位"当作一种习惯、一种态度，最终我们便会与"胜任"、"优秀"、"成功"结伴。

一位大师曾经说过："如果能尽到自己的本分并尽力完成自己应该做的事情，那么，某天你就能够随心所欲从事自己想要做的事情。"反之，凡事追求得过且过，从未为做好自己的工作而努力，那么你将永远无法达到成功的顶峰。

做事本身并不难，每个人都在做事，天天都在做事，难的是把事情做成功、做到位。差不多就意味着差很多，凡事对自己严格要求，做到精益求精。只有在严谨的工作态度下，才能做到不敷衍，认真去做，这样才能将自己的工作做成功、做到位。

把事情做到位是每一位员工最起码的工作准则，也是一个人做人的基本要求。只有做到位才有可能使工作效率得到提高，才能获得更多的发展机会。

◎ 别陷入"万事俱备"的泥潭 ◎

如果想等到"万事俱备"之后再行动，那么工作也许永远无法完成。"万事俱备"只不过是"永远不可能做到"的代名词。

曾经看到过这样一个故事。

一个人看到家中挂相框的钉子松动了，于是就去找锤子来钉钉子。接着，看见锤子柄断了，于是又去砍树来做锤柄。又看到砍树的斧头生锈了，便又想到去找一块磨石，于是就去山里凿石头。可是半路上碰到了一个熟人聊了一会儿，于是便忘记自己要干的事，回家去了。

还有一个相似的故事。

一个小孩子外出玩耍发现了一只小麻雀。于是，他决定带回家喂养起来。可是，在他把小麻雀放到家门口而自己去询问妈妈意见的时候，小麻雀却被一只黑猫吃掉了。虽然妈妈答应了小男孩的请求，但是麻雀已经不在了。

两个故事中的主人翁或许就是现实生活中的你我他，我们苛求"万事俱备"固然可以降低出错率，但是它也会让我们在不知不觉中失去了成功的机会，而后者才是致命的。如果我们妄图等到"万事俱备"之后再采取行动，那么我们的工作也许永远也无法完成。世界上永远不可能存在完美的事，"万事俱备"只不过是"永远不可能做到"的代名词。

因此，无论从事什么样的事业，当老板给你安排某项工作之后，你首先必须抓住工作的实质并当机立断，立即采取行动。只有这样，成功才最有可能垂青于你。

可是，我们往往事先总是有积极的想法存在，但是头脑中却又冒出来"我应该先……"的想法。这样一来，人便已经陷入了"万事俱备"的泥潭。一旦陷入，结果就是未知数了。你举棋不定，无法决定什么时候才开始……时间不断地被你浪费掉，你亦处于失望之中，最终工作仍旧悬而未决，而你却只剩下一片懊恼。很多时候，如果立马开始工作，你会惊讶地发现其实所谓的"万事俱备"也不过是对时间的一种浪费。而且对很多事情，一旦开始进行便会有许多的快乐和乐趣随之而来，这样也会加大成功的概率。然而，一旦推迟工作而去期待所谓的"万事俱备"这一先行条件的话，非但会很辛苦，还有可能失去应有的乐趣。就像是一个艺术家行走在路上，某种灵感就像闪电般进入其大脑里一样……

因此，当我们沉浸在诸葛亮演绎的"万事俱备，只欠东风"的神话般磅礴的历史演义中的时候，我们不应该脱离现实，因为现实中凡事追求"万事俱备"的人往往是最容易被失败抓获的人。从某种意义上说，"万事俱备"就是一个会窃取你宝贵时间和机会的"窃贼"，让你的工作不能迅速、准确、准时地完成，进而毁掉你在老板眼中的形象。

如果你希望能够在老板面前以"积极者"的形象出现的话，那么赶快鞭策自己远离"万事俱备"思想的束缚，立马着手手中的工作吧。只有立即行动才能摆脱"万事俱备"的重重束缚，把你从其陷阱中解救出来。

而一旦你成为一个做事迅捷的人，那么你也就成了老板心目中的一块"宝"了。这正是因为，老板除了布置工作以外便无须对那些立即行动的人再另外辛苦鞭策监督了。

立即行动吧！这种态度还会削减准备工作中看似可怕的苦难和阻碍，引导你更快地抵达成功的彼岸。

有一个农夫新购置了一块农田，可是却发现农田的中央有一块石头。于是，他问卖主为什么不将它铲除掉。卖主则回答他说因为石头太大。

农夫立即找来一根铁棍准备将石头撬开，于是便发现其实石头的厚度还不到一尺。最终，农夫只是花掉一点时间就把石头搬离了农田。

也许，在刚开始的时候，你会觉得要做到"立即行动"并不是那么容易，因为这样难免会发生失误。可是，最终你会发现，"立即行动"的工作态度会成为你个人价值的一部分。当你养成这种习惯的时候，你便掌握了个人进取的秘诀。而当你下定决心永远以积极的心态做事的时候，你就是在朝着自己的成功目标迈出了重要的一步。

◎ 拖延只会使人裹足不前 ◎

一旦有了想法就必须立即付诸行动。因为拖延只会使人裹足不前。请现在就付诸行动，不要再有任何犹豫。

相信很多人对《愚公移山》的故事都深有了解。智叟笑话愚公搬山，然而结果神仙被愚公坚持不懈的实干精神所感动，并帮助愚公搬走了房前的两座大山。

很多人也读过古义蜀之鄙有二僧的故事，说的是蜀地郊区一贫一富两个和尚的故事。穷和尚对富和尚说，自己想到南海去，只带一个水瓶和一个钵盂就够了。但是富和尚却嘲笑道，自己多年来就想买船南下，但是至今都未做到，穷和尚又怎么可能做到呢？可是第二年，穷和尚却从南海归来并向富和尚叙述了南海的事情，这使得富和尚十分惭愧。

其实，这个故事旨在向我们说明一个简单的道理：光说不做无法成功。

积极行动是推动团队前进的动力。只有怀揣先进思想和行动的员工才可能产生休戚相关、荣辱与共的真感情，也才会真心实意地与团队同甘共苦，始终站在团队的立场上思考问题，最终才可能克服个人利己主义的思想，时时处处为团队的利益着想，视团队发展为自己的使命。

如果你是在为一位老板服务，你无须向他描述太多，只需用行动证明一切即可。老板的目标是利益，因此，绝不会花钱去雇用一个只说不干的员工，更加不会重用这样的人。

另外，思维能力和行动能力是人具有的两种能力。工作中，有的人并没有达到自己的目标，其实往往并不是因为思维能力的问题，恰恰是因为行动能力而造成的。在成功人士们的眼里，行动与思想是同样重要的。如果你每天都在想着做什么而不是怎么付诸实践，那么这也只能是空想，永远不可能会成功。

所以，一个人一旦有了想法就必须付诸行动，并且是立即付诸行动。因为拖延只会使人裹足不前。萤火虫告诉我们：只有在振翅的时候才能发光。

即使到现在也还是有很多人把今天的事情留待明天解决，因为他们总是觉得自己明天的时间会更加充裕。殊不知，明日复明日，明日何其多？我们必须记住的是，对我们而言最重要的就是现在。因此，我们把一切可以做的工作放到现在，把一切应该做的工作放到今天。行动或许不一定会结出快乐的果实，但是一旦没了行动，任何果实都将无法收获。这就像是一只蜗牛，纵然有游泰山、观长江的愿望，但是一直因为恐惧而无法行动，终究只会死在草丛里。它未曾想过，即使未达山顶、未临江边，但是一路上也可以领略崇山峻岭，江河湖海，也不枉此生。

因此，如果你是一个珍惜自己工作的人，如果你想永远拥有工作，那么请你时时刻刻都要铭记于心："即刻付诸行动，否则机会稍纵即逝。"

现在就行动！现在就行动！现在就行动！你要每时每刻一遍又一遍地重复这句话。现在便是你的所有，明天才是懒汉的工作日，但是你并不是懒汉；明天不过是失败者的借口，你并不是失败者。你渴望成功、快乐和心灵的平静。

除非现在就付诸行动，否则你将永远失败，并且在不幸、夜不能寐的日子里面临失去工作甚至于死亡。没有一个人想要这样悲惨的结局，请你现在就付诸行动，不要再有任何犹豫。

◎ 成果是工作的最终目的

实干永远只有一个关键：实干最重要的是要成果而非按标准完成任务。

以前，我们经常会听到"没有功劳也有苦劳"、"他是我们单位的老黄牛，尽管业绩不突出，但是一直勤勤恳恳"之类的描述。而其中苦劳很容易让人感动，勤奋努力也正是我们所倡导的。然而，如果我们可以轻松完成又为什么要去苦干呢？如果得不到理想的结果，我们苦干又有什么用呢？

在工作中，一分智慧胜过十分刻苦。如果给我一个支点，我能利用一根杠杆把巨石搬动，那么我们完全不必花费大量的人力物力去完成它。

勤奋虽然是成功的一个因素，也是人的一种美德，但并不是我们取得成功的关键条件。很多时候，我们没有把工作做好并不是因为在工作中偷懒的缘故，而真正的原因正是我们没有创造有价值、正确的结果，这也正是老板总是不满意员工工作的一个主要原因。工作任务并不等于工作结果，而我们必须要做到的是实现任务之后的结果。譬如每天勤勤恳恳地写书稿，执行任务，但是始终无法交出编辑满意的作品，那么再辛苦勤劳也是枉然。

如果一个人总是不断抱怨在公司里没有功劳也有苦劳，那么就应该反思一下自己是否做到满足公司所期待我们做到的结果。公司不会因为你每天累死累活却没有任何结果而给你奖金或者是晋升机会，因为只有结果才能为公司带来价值。

我们常常会发现员工最终并没有满足自己想要的结果，一味傻干、苦干、蛮干的结果也不过是徒劳无功。

结果才是职场获得进步的"王道"，我们必须加强这种认识，在头脑中树立这样的观念。

结果是一切工作的目标，任何规则、程序都是以服从和服务于结果作为最终的归宿。

英特尔公司曾经为自己总结有六大价值观，其中之一就是"结果是一切工作的要务"，它正是英特尔公司不断追求突破的基石。在英特尔看来，这种"结果是一切工作的要务"的思考模式可以让英特尔实干而创新，不管是在产业、工艺还是服务方面，都能为客户带来最大的利益。同时，英特尔的这个价值观也肯定了积极目标、具体结果与产出并使得每个人都能了解团队的方向，设定较高的目标，通过量化的手法实干地实现进度和成果的指标。

诺基亚公司也同样地在这种"结果是一切工作的要务"的企业价值观引领下，使其员工在工作中能够展现出一种高绩效的状态，也为诺基亚带来了巨大的利益。

企业不是慈善机构，它需要生存，需要发展，而这些都离不开最终的结果。企业要的是从结果能够获得利益，因此如果没有最终利益，那么一切都是白费。所以，商场上就是一切以成败论英雄，结果远远重要于过程。而且一个员工做得好不好都要看结果，赏罚也得看结果。作为一名员工，在工作中一定要树立"结果是一切工作的要务"的理念，想方设法实现企业和自己的目的，为企业创造利益。这并非意味着机械地完成工作任务，将工作成效置若罔闻。所以，重要的不是做完了一件事，而是做成功了一件事。没有结果的努力是无用功，没有结果就意味着我们将重回起点，一切从零开始。

　　总而言之，作为一个优秀的实干型人才，一定要记住，实干永远只有一个主题：实干最重要的是结果而非按标准完成任务。

　　要办实事意味着必须拿出切实可行、行之有效、力所能及的方案帮助企业加快发展。无论是出主意、做规划、谋方略，还是上项目、扩产业、搞建设，这些都要从实际出发，量力而行。同时，不能摆花架子、铺空摊子，为求虚名放弃实干，为搞形式而损实益。

◎ 业绩是衡量优劣的标尺 ◎

工作不是说出来的而是做出来的。想方设法赢得业绩，你才能成为无可取代的人。

实践证明，工作不是靠说出来的而是做出来的。用业绩说话，业绩才是硬道理，只有这样才没有人可以质疑你，你也才能赢得威信进而成为最受单位欢迎的实干型人才。因此，我们应该以业绩作为工作的目标，在努力提高自己的判断力和行动力的同时，重视行动结果。

在对职员业绩观的培养方面，美国通用电气公司做得非常成功。

每当一个新员工进入公司开始，公司就会在员工的入厂培训中告诉他们业绩在公司文化和核心价值观中的重要地位。而且在通用电气公司中，所有的员工无论是来自知名学校与否，也不管以往有着多么出色的工作经历，一旦进入公司就是在同一起跑线上开始工作。自此，每一个员工都必须重新开始，他们现在以及今后的表现都将比过去的经历更加重要。而且衡量员工自身价值的是业绩，也是为公司所做贡献的多少。

在通用公司，业绩第一。假如你在公司无业绩可言，即使老板想重用你都会不放心；相反，假如你业绩出色，你就会变成不可取代的重要成员。

同样地，在 IBM 公司里推崇"高绩效文化"。每一位员工的工资涨幅都以个人的业务承诺计划作为依据。当员工在计划书上签下自己的名字，那么就已经与公司订立了一份一年期的"军令状"。上司对每一位员工一年的工作及重点非常清楚，而员工也对自己一年的目标非常明白，他们所要做的就是立即执行。到了年终，部门经理会在员工的"军令状"上打分，而这一评价对于日后的晋升和加薪具有很大的影响。IBM的这种奖励办法很好地体现了他们的业绩观。

俗话说得好，要吃樱桃先栽树，要想收获先付出。出色的业绩需要人们在工作的每一个阶段找出更有效率的方法，在工作的每一个层面都要找到提升自己工作业绩的中心环节。

要想提高业绩，可以有以下几种简单方法。

第一，以热情带动工作。

良好的个人形象保证了我们各项工作的顺利完成。某些时候，一个工作人员的业绩是否能够得到提升，除了自身工作能力之外，还与自己对待他人的态度有着很大的关系。而且在当今社会，人们的交往越来越频繁、密切，办事能力与交往能力有着很大关联。一个热心的人，在社会中的形象就好，人们对其评价也高，找人办事也更加容易得到他人的同情、支持、理解、信任和帮助。所以，有个好的人缘必然是提升业绩的得力助手。

第二，让自己"干得不错"。

人们总是会将"干得不错"和卖力画上等号，然而实际上，它同时还包含了对达到预期业绩的能力的肯定。在现代社会，仅有工作热忱、踏实是远远不够的，还必须要有完成工作，达成预期目标的能力。

在过去，推荐语常常会是"人很老实，可以聘用"，而现如今却很难被人接受。这是一种大错特错的想法。福泽早就说过："同情、支持、诚实并不是技能。"有一种观点认为，与其让一个只有诚实的人看守保险柜还不如让一个小偷来做。由此可见，在当今复杂的工作环境之下，工作能力和提高工作业绩有着重大联系。

第三，切忌拖延。

在工作中想要提高自身的工作效率需要做到在指定时间内完成工作。较高的工作效率可以为自己争取到更多的时间；相反，浪费或者是不善安排时间则会是自己工作出现效率低下的问题。可见，时间和效率是相辅相成的。因此，才会有这样一句话："向效率要时间。"

业绩是一个工作实体的生存之道，无论是企业，还是事业、行政单位，它们都必须将业绩作为自己企业的一部分，而且还要将其作为自己成员的重要素质。

工作业绩是职员工作能力的证明，也是过人魄力的展示，还是个人价值的集中体现。所以，如果希望成为受企业欢迎的实干型员工，就必须做到用自己的业绩去证明自己的能力和价值，必须对企业的发展有所贡献。只有这样，才能受到重用，也才能赢得上级的赏识，才能带动工作的进展。

在这个以业绩为主要竞争力的时代，对于工作团体中的每位成员而言，工作必须以业绩作为其导向。业绩是优秀职员的显著标志，如果没有业绩，再聪明的员工也会被企业所淘汰。

◎ 实干能增强核心竞争力 ◎

专业技能是做好工作的基本条件，只有切实提高专业技能，才能增强核心竞争力。

在东汉哲学家王符的《潜夫论》中提到："大人不华，君子务实。"这句话的意思就是优秀的人不慕浮华，不求虚名；有修养的人注重实干。另外，东汉思想家荀悦在《申鉴》中对"实干"进一步做出解释："不受虚言，不听浮术，不采华名，不兴伪事。"后来著名文学家苏东坡也对实干提出了自己的理解："务实效而不为虚名。"

我们用实干来称赞一个人，既是对这个人踏实、严谨、认真的工作态度的肯定，也是对其正直、诚实、守信品格的赞赏。

为大家所熟知的镭元素的发现者居里夫人是一位两次获得诺贝尔奖的科学家，也是原子能时代的开创者之一。她不仅用自己的发现影响了世界进程，还是一位伟大无私又谦逊质朴的女性。爱因斯坦在对居里夫人一生评价的时候说道："她一生中最伟大的成就正是发现放射性元素的存在并把它们分解出来。她之所以能够取得这样的成就，不仅是靠大胆的直觉，还靠难以想象的和极端困难情况下工作的热忱和顽强。这样的困难，在实验科学的历史上是罕见的。居里夫人的品德力量和热忱，哪怕只有一小部分存在于欧洲知识分子之中，欧洲便会面临一个相当光明的未来……"

认真品质对于科学研究的重要性自不必言，对我们的工作生活也同样十分重要。工作的质量如何很大程度上正取决于人们认真的程度。认真是做好工作的前提和基础。我们想要有所成就就必须从认真工作开始，怀着认真的态度，拥有认真的精神，这是一种责任。从一定程度上来说，认真决定着一个人的成败。

古人认真做学问的例子并不在少数：唐朝诗人贾岛认真钻研学问，为后世留下了"推敲"的故事，"闲居少邻并，草径入荒园。鸟宿池边树，僧敲月下门"，成了流传千古的名句。

北宋著名文学家范仲淹在当时就是文学泰斗，其散文《岳阳楼记》流传千古。在其任职浙江桐庐太守的时候，曾写过一首赞美严子陵的诗，诗曰："云山苍苍，江水泱泱；先生之德，山高水长。"诗成便将其送与好友李泰伯看，李看完之后说道："此诗写得非常大气，将子陵的风骨都写了出来，用词也很宏伟，唯独'德'字用得比较局促。如果将其换成'风'字，或许会更贴切些。"范仲淹听后，将诗再多吟几遍，果然味道又有不同。"风"有"风传千古"、"风流千古"的意味在其中，更能体现对严子陵的敬重之意，于是便把"德"字改为了"风"字。范仲淹严谨的治学态度被后人传为佳话，这正是著名的"一字师"的故事。

常言道，干一行，爱一行。但其实仅限于"干一行，爱一行"是远远不够的，我们更应该做到"干一行、爱一行、钻一行、精一行"。

专业素质是履行职责的基本条件，是每一个人所必须具备的业务技能和素养。只有在具备专业素养的前提下，才会以专业的眼光看待问题，也才会以专业的思维做决策，以专业的方法去做事。只有这样，才能赢得他人的赞誉。

中国古代著名的数学家祖冲之，青年时代就博得了博学多才的名声。宋孝武帝闻之后，便派他到华林学省做研究工作。在此期间，祖冲之研究机械制造并领先世界，成功精准地推算出圆周率小数点后的七位数。

近代中国数学家陈景润是世界著名的解析数论学家之一。但是他屈居于六平方米的小屋，借一盏昏暗的煤油灯，伏在床板上，通过一支笔和几麻袋草稿纸以及无数个日夜的努力，终于攻克了世界著名难题"哥德巴赫猜想"中的"表达偶数为一个素数及一个不超过两个素数的乘积之和"，创造了世界数学史上的奇迹。

周汝昌是著名的《红楼梦》研究学家，二十几岁时就双耳失聪，后来又因为用眼过度而致使双眼几乎失明，只能依靠右眼 0.01 的视力支撑其治学直至逝世。他凭借着对《红楼梦》的多年不懈研究，先后著述《红楼梦新证》、《曹雪芹传》、《红楼梦与中国文化》等一部又一部不朽的著作。这一部部穷尽其毕生心血的作品，展现了周先生多方面的艺术才华和造诣，远非"红学家"一个称号所能概括得了的。

人非生而知之，专家的知识也是依靠孜孜不倦地学习和脚踏实地地努力得来的。古人云："不学自知，不问自晓，古今行事，未之有也。"实干在学习中起着重要的作用。实干，也正是正直的象征，求真的基石，做好工作的保障。

仅仅将"实干"停留在纸面上、口头上很容易，然而一旦真正将其贯彻落实到实际工作中却并非易事。实干，要求领导干部们既要善于聆听实话，还要敢于面对实情；既要有把握大局的能力，还要有埋头苦干的精神。可以说，是否实干正是一个领导干部综合素质的集中表现。

◎ 夸夸其谈不如埋头苦干 ◎

只有埋头苦干才能有所成就。自以为是或不脚踏实地的人，哪怕再有才华，也很难有所作为，甚至会不断退步。

职场中，只有埋头苦干的人才能成就一番事业。自以为是或自高自大或不脚踏实地的人，哪怕再有才华、天分，也很难有所作为。在工作中做事心浮气躁，仅凭一时热情，草率马虎行事，那么工作成绩只可能原地踏步，甚至不断倒退。

对于能够踏实工作的人而言，他们会放弃那些高不可攀、不切实际的目标，不会想凭借自己的侥幸去瞎碰。相反，则会认认真真地走好每一步路，踏踏实实地用好每一分钟，并且甘心从基础工作做起，在平凡中孕育成就和梦想。他们甘于平凡，肯干肯学同时多方求教，虽然出人头地比较晚，却在各种不同的职位上增长了见识，增长了能力以及许多不同的知识。

踏实工作是人生在世求得生存和发展的基本准则，可是大多数人都想着快速发达，却并不明白做任何事情都必须要老老实实地努力才能有所成就。只要有一点取巧或者碰运气的心态，那么你就很难全力以赴。想一夜之间发达的梦想正是你努力实干的绊脚石。

100个形式主义远远不如好好地实实在在地做好一件事情。工作中，从点滴做起，不断提高自身能力，这样才能为自己的职业生涯积累雄厚的实力。

没有根基的大厦，很快就会坍塌；没有实干的工作，成功永远只能是妄想。我们如果还想在未来走得更远、更好，那么就首先要脚踏实地地把基础打牢。同时，我们还应该去除浮躁，把心态放平稳，正视社会现实，降低期望值。最后，关注工作本身，关注能够从工作中学到的知识以及可能获得的发展。无论多么不起眼的工作，只要你真正重视它，那么你的价值将会得到实现。

我们对事业的选择其实并不重要，真正重要的是：踏踏实实，从点滴做起，切忌让浮躁的心态干扰到你。

一位年轻人刚毕业就被分配到了海上石油钻井队。在海上工作的第一天，他就被领班要求在限定的时间内登上几十米高的钻井架，并把一个包装好的盒子交给最顶层的主管手里。于是，他拿着盒子快步登上高而狭窄的舷梯，一路上气喘吁吁、满头大汗地登上最顶层并把盒子交给了主管。然而主管只是在上边签了自己的名字就让他送回去。他又快速地跑下舷梯把盒子交给领班，这次领班也是在上边签上自己的名字就又把盒子交给他再送给主管。

他又再一次爬上了钻井架并把盒子交给了主管。主管签完字后又让他再次送回去。他很快地下了舷梯将盒子交给领班，领班还是签完字就又让他送回去。

他又开始拿着盒子往上爬。当上到最顶层的时候他浑身上下都湿透了，而当第三次把盒子递给主管的时候，主管让他把盒子打开。当他撕开包装纸打开盒子之后，发现里边只有两个玻璃罐，一罐咖啡和一罐咖啡伴侣。

而这时主管对他说，让他把咖啡冲上。年轻人再也无法忍受，"叭"的一声就把盒子扔到了地上，说："我不干了！"

这时主管起身并对他解释道："刚才让你做的正是承受极限训练，因为我们是在海上作业，随时可能遇上危险，因此就要求队员一定要有极强的承受能力来承受各种危险的考验，只有这样才能完成海上作业任务。前面三次的考验你都顺利通过了，只差最后一点点你就能喝到自己冲的甜咖啡。现在，你可以走了。"

年轻人懊恼地离开了，但是这件事却给他带来了深刻的教训，使他努力克服自己浮躁的弱点。经过几年的艰苦拼搏，年轻人成了一名油井钻井队长。

踏实苦干的人无论到何处都能立足，在哪里都会有希望。正所谓"一分耕耘，一分收获"，工作所给予你的回报就是你做事结果的反映。

每一份工作都有各自的意义和价值。一旦你从事某种职业之后，就必须要努力去爱上你所从事的工作，要在工作中打起精神，不断勉励自己、训练自己以及控制自己。

工作本身没有贵贱之分，每一种职业都应当是平等的。对个人而言，不论身处哪个行业，也不论是单位的管理者或者是员工，都不能轻视自己的工作。你可以不喜欢你的单位，可以讨厌自己的领导，但是你在工作的时候却一定要努力爱上自己的工作。

在职的每一天都要求我们踏踏实实地尽心尽力工作，每一件小事情都需要我们争取高效完成。不论现在的工作多么微不足道，也不论你对工作多么不满，只有抱着尽职尽责的认真态度、饱满的激情和主动积极的精神去工作才能从平凡的岗位中脱颖而出。

很多人才刚开始步入职场就梦想着明天当上总经理；才刚开始创业就期待自己能够像比尔·盖茨一样，成为首富。但是要他们从基层做起的时候，他们又会觉得丢面子，甚至认为这是大材小用。尽管有远大的理想，却缺乏专业的知识、丰富的经验以及脚踏实地的工作态度。

脚踏实地地实干是职场人士所必备的素质，也是实现梦想、成就一番事业的关键因素。因此，职场中的人想要实现自己的理想，就必须调整好心态，打消投机取巧的念头，不断提升自己的工作能力，为开始自己的职业生涯积攒雄厚的实力。

第四章 ／ 空谈脱离实践，实干实现梦想

干事是实干精神的基本出发点。想干事就意味着我们想要
成为有作为的人，想实现职业理想，须从想干事开始。真正的
成功应该是实干的结果。只有从大处着眼，小处着手，踏踏实
实地去做，才能每天有收获。此时，你自然能完成从平凡到非
凡的飞跃。

◎ 敷衍带给人的不是轻松是沉重 ◎

敷衍极具杀伤力，它直接磨损一个人的敬业精神和诚实品质。切记，工
作一定不能敷衍了事。

"敷衍"一词可以被理解为"粗心、懒散、草率"等这样的一些字眼儿，
敷衍工作也就是对工作的一种极不负责的表现，然而现实中因敷衍而给公司
带来损失的例子并不少见。

萨克拉门托的一位商人收到来自旧金山一位商人的电报报价："一万吨
大麦，每吨 400 美元。"在发电报回复的时候，商人漏掉了一个句号，"不。

太高了"成了"不太高"。结果，这个商人损失了几十万美元。

无独有偶，一家服装厂的一名业务员在为单位订购一批羊皮的时候也犯下了同样的错误。合同条款本应是"每张大于 4 平方尺。有疤痕的不要"，可是这名业务员粗心地把句号写成了顿号，于是就成了"每张大于 4 平方尺、有疤痕的不要"。结果，供货商钻了空子，发来的羊皮都小于四平方尺，使服装厂哑巴吃黄连，有苦难言，损失惨重。

所以，在职场中可谓是容不得半点的不负责任。所以一名员工，对自己应该做的事情一定不能敷衍了事，不要自以为别人会帮自己做好，也不要以为自己的不负责任不会被人发现，也不会对企业有什么影响。你在信守责任的同时，也正是在遵守自己的人格和道德。

库伯在一家大型建筑公司就职，他的主管不但是该家族公司集团中的总经理，还是第一位被提拔的非家族成员，因此其所承受的压力就可想而知了。所以，这位主管对下属十分严格，甚至于有一点鸡蛋里挑骨头的意思。但是，库伯认为自己在公司里待的时间长，还是有能力驾轻就熟地应付主管的各种命令。

某天，主管要求库伯为一次董事会准备资料。于是库伯就迅速整理了从各部门呈上来的报表，并很快完成了工作。但是当他把资料交上去之后，得到的只是总经理的一句不用心的评价。库伯很不服气，找到总经理并告诉他，自己为了这份材料已经很久没按时吃饭了。总经理只是叹气道："那么你对这份资料满意吗？"在得到库伯的否认之后，又接着解释道，"不满意，你就是在敷衍你的工作。记住：敷衍工作就是在敷衍自己。"

库伯的问题并非是因为他不聪明或者是没有能力，只是因为他不用心而导致的长期对工作的敷衍了事。他虽然牺牲了晚饭的时间，但对工作仍然没有用心去做。如果总经理拿着他准备的资料到会议上，也不可能得到身经百战的董事们的赞赏。

天上不可能会掉下馅饼，喜欢敷衍的人即使侥幸占了一两次的小便宜，长久来看必然会害了自己。

你可以问问自己：你是否满意自己的工作？如果不是，你现在正在采取的消极应对策略，如拖延、敷衍，会带来什么样的后果？这些后果是你可以或者愿意承担的吗？你可以在纸上重复推敲这几个问题，到最后你会发现，不利后果比目前烦人的工作更加可怕。

其实，敷衍比不忠诚、不勇敢更具有杀伤力，它直接影响一个人的灵魂，磨损一个人的敬业精神和诚实品质。

关于这一点，有一个很经典的故事：

一位知名建筑师准备退休，老板很舍不得这位出色的员工，于是请求他能否帮忙再建一栋房子。老建筑师同意了。但是，大家都能看得出来，建筑师的心思已经不在工作上了，他只是为了完成任务。因此，这次他建造出来的房子无论是整体架构还是细节布局都差强人意，但是建筑师已然无心再消耗自己的智慧，一心想着赶紧交差走人。

房子建好后，老板一边把房门钥匙给他，一边对他说："这房子是你的了，感谢你这么多年来对我的帮助，这就是我的礼物。"

建筑师听后十分震惊，羞愧得无地自容。如果早知道是给自己的房子，又怎么会建成现在的样子呢？现在，他不得不住在一幢结构松散，布局凌乱的房子里。

职场中也有很多这样的人。他们漫不经心地工作，其实也就是在以同样的态度"建造"自己的生活。他们不积极行动而是消极应对，凡事不愿精益求精，在关键时刻也不会尽自己最大的努力。等到惊觉自己所处境况的时候，早已深陷自己建造的"房屋"之中。

因此，为克服敷衍态度，你可以从以下几点入手。

第一，要认清敷衍的后果。

第二，要改变自己的心态，对事抱有责任心且做事积极自信。

第三，要区分"工作"和"做了"的界限，避免"我做了"的想法，因为这样的想法很可能会导致敷衍。要清楚的是，工作就必须要积极地解决问题。

第四，要做有益的工作，而不是浪费时间和精力。

第五，要主动思考，设法使自己目前的工作具有广阔的发展前景。

做到以上五点，你就会自然而然地有一种不断寻求问题解决方法的能力，也就会有克服障碍的意志力。而同时，你的表现便能达到崭新的境界，工作品质和从工作中所获得的满足感都会掌握在你自己手中。

人与动物之间的区别就在于人是有灵魂的，有着对他人和社会的责任和关爱，还能够通过工作找到人生的价值和意义。别人催一下就动一下，挨一鞭子就推一下磨，这不正是对自己人生的不负责吗？

敷衍从不会给人带来轻松，取而代之的是它会带来越来越多的沉重。

切记，工作一定不能敷衍了事。我们常常会在不经意间处理、打发掉一些自认为不重要的人或者事情，但是这种随意、不负责任、不敬业或者说是不道德的行为将会造成一些很不好的影响和后果。在你以后的人生路上，它将在某个时候凸显出来，令你对此追悔莫及。

◎ 追求核心价值，不做无用功 ◎

工作要讲求价值，围绕"价值"这一中心展开行动。如果不明白此理，盲目行动就等于徒劳无功。

且看下面一则有趣的故事。

在寺院里，有一个小和尚担任撞钟的职责，按照寺院规定，他必须每天早上和黄昏都要各撞一次钟。长此以往，半年过去了，小和尚备感撞钟职责的简单和无聊。后来，他干脆就"当一天和尚撞一天钟"算了。

一天，寺院住持突然宣布让他去后院劈柴挑水，原因就是他并不能胜任撞钟的职责。小和尚在感到奇怪的同时，向住持问起了原因，难道是因为自己撞钟不响亮？住持却回答道："钟声很响亮，但却因为你心目中并未理解撞钟的意义，因此显得很空泛、疲软。钟声不仅仅起到规范寺内作息的作用，还对唤醒芸芸众生起着重要作用。因此，钟声不仅要洪亮，还要圆润、浑厚、深沉、悠远。一个人心中无钟就是心中无佛。如果你不虔诚，又怎能担当撞钟之责？"小和尚听后，面有愧色，从此潜心修炼并成了一代名僧。

撞钟也是要讲求价值的。在佛门弟子看来，为社会提供的价值就是唤醒众生，不论是做善事还是做法事，无论是讲经论道还是妙语莲花，这些都是为这一目的服务的。那么，作为佛门里每日必做的撞钟，肯定也必须要围绕这一中心和目的行动。小和尚最开始没能明白这一道理，等到大彻大悟之后，经过潜修，最终才能成为一代名僧。

我们都明白，客户之所以向我们所在公司支付价款就是因为公司向客户提供了令其满意的价值，所以他们才会愿意用货币来进行交换，也使公司得到不断的发展。换一个角度来想，公司和员工之间的关系也正是这样的：公司给员工提供工资、奖金、培训以及各种晋升的机会，正是因为员工能为公司提供足够的价值。我们希望公司不断给我们增加工资、奖金和晋升职位，这种要求非常合理，就像是公司希望更多的客户不断购买公司产品一样。那么，既然公司与员工之间是一种交换关系，我们需要用什么去交换呢？我们的行为能够给别人带来什么样的价值呢？是不是把各自的任务完成就创造了价值？

这是一个广为流传的关于三个人种树的故事。

据说有三个人在执行种树任务，但只有其中两人到场。两人一前一后进行，前面一个拿着铁锹挖坑，后面一个往坑里填土，他们就这样干了很长时间。之后，一个路人看到了这样的情形，觉得很是奇怪，于是就询问两人在干什么。他们回答说是在执行种树任务。本来应该是三个人的，一个人负责挖坑，一个人负责填土，还有一个人负责放树苗，但是放树苗的人生病请假所以没有来……

出现这种搞笑的情形就是因为栽树的人并没有坚持价值交换的原则，走入了任务的误区。所谓任务的误区，指的就是表面化地执行指令和程序，但却不明白人物背后所带来的价值。所以，当公司交给你一个任务的时候，你最好先不要盲目执行。你首先要做的是要思考一下，公司通过这个任务想要我们拿出怎样的交换价值，这才是公司想要的结果。

◎ 实干者从"讨厌的工作"里找机会 ◎

琐碎的工作能磨炼人的心性，增强人的能力，假如你能接受"讨厌的工作"，那么你便能得到特别的机会。

有的人负责一些比较重要的工作，那么自然也会有的人负责一些常被人们忽视的琐碎的工作。如果你正好负责那些容易被忽视的琐事，你或许很有可能会变得沮丧。变得沮丧之后你或许就会玩忽职守，这样一来就变得易于出错了。一旦出错，你就会连最基本的自信也失去了："连这么无聊的活也做不好！"

曾经有一位著名服装设计师说过："你的内在美才是你真正的装扮。"越是不引人注意的地方就越值得注意，这样做的人才是懂得装扮的人。因为，只有美丽贴身的内衣才能将外表华丽的装扮更好地表现出来。

如上所述，越是不显眼的地方就越需要好好地表现，这才是取得胜利的关键。

前方冲刺的部门就像是攻击部队，而守在后方支援的部门也就是守卫部队。没有坚固的守卫，再尖锐的先锋部队也不能获得胜利。事实上，很多担任后援工作的员工却往往表现得缺乏活力和魄力。但是，也有的员工会利用这种机会储存实力，一旦时机成熟就会一跃而就。但是，大部分的员工还是会认为自己现在所从事的工作与其兴趣不合。可是，现实中与自己兴趣相合的工作又很难遇到。从另外一个角度来看，就算是自己非常乐于去做的一件事变成了自己的"职业"，也许就反而难以享受到其中的乐趣了。或许，到了那时候心中的不满或者苦水都没处倒。你还会羡慕那些工作与志趣相合的人："他真是太幸福了，可以一边工作一边享受兴趣爱好。"

然而，很多人却为此对其所从事的工作深感苦恼，也只有那些能够克服以上所述困境的人才会不去羡慕别人。另外，还有的人情愿安安静静地工作，不讲究所谓的乐趣，那是因为人的性情各有不同罢了。此外，更多的人原本不喜欢自己所从事的职业，但在频繁地接触后，也就在不知不觉中变得喜欢起来。

在你周围，也许有的工作是绝大多数人都不想做的"令人讨厌的工作"。人们对待这样的工作，也是一副唯恐避之不及的态度。但是，这工作必然要有人来做，每个人只想着这差事不要落到自己头上就好了。那么，如果你表示自己愿意做这种没人愿意的工作又会变成怎样呢？这让你不仅能赢得同事的尊敬，还能够得到老板的认同。有的时候甚至于还能获得老板的感激："这工作幸亏你能帮忙！"

其实，即使你有这份心，结果也未必会有这样的差事来让你做。因此，当碰上这样的工作机会的时候，你更应该心存感激才对。当然，这也是要有积极挑战的心理准备的！

但实际上，这一类的工作常常都是非常辛苦且吃力不讨好的，就算你为此付出了全部精力也不一定能够得到丰硕的成果。可是，你还是要有勇气去默默耕耘，因为这样才是勇者的表现。事实上，这类工作一般会比那些表面看起来花里胡哨的工作更能激发你的斗志和潜藏的乐趣。而能够从中找到乐趣的人，大多是"大智若愚"型的人。

在现代社会中，这类"大智若愚"型的人好像已然消失了。这种人即使心中有不满，但不会抱怨，仍旧会默默地工作而不在乎何时才能获得别人的认同。当然，这样的人即使一生无法得到他人的认同也会无怨无悔。正因为他们并不在意是否能获得他人认同，他们才能被称为"大智若愚"。

每个人都会碰到一些徒劳无功的情形，但只有曾经经历过辛劳的人才知道心存感激，也才清楚谦虚的必要性。每个人也都有过饿肚子的经历，越是饥肠辘辘就越能够体会到食物的重要性。这就像是只有经历过病痛折磨的人才能深刻体会到健康的重要性一样。换句话说，只有经历逆境才会知道苦尽甘来的滋味。

如果你认为这样做会吃亏，因而与其他人一样排斥这类工作，那么你也会像其他人那样永远无法出人头地了。假如你能接受别人不愿意去做的工作，并且能够从中品味辛劳的乐趣，那么你便能达到别人不能达到的境界。

◎ 实干的实质就是解决问题 ◎

工作就是不断地发现问题，解决问题的过程。解决问题的能力越强，越容易受重用。

干事是实干精神的最初要求和基本出发点。想干事就意味着我们想要成为有作为的人，但是这样想的前提也必须是认识自我，了解工作。

我们往往工作得太累、太难、太压抑，这些都是因为我们无法正确评价自我，也不了解工作的实质，因此我们会逃避工作中的问题，同时也在逃避成长的机会。

正确地自我评价就是不要好高骛远，也不要妄自菲薄，更不要急功近利或者怨天尤人。

另外，还需要认清工作的实质。工作不仅占据着我们人生大半的时间，还承载着我们一生的理想、目标、荣誉、成就和价值，并关系到我们的财富、地位、名声、收入、房子以及假期。因此，我们不得不承认，工作就是影响人的一生幸福与否的头号因素。

然而，那些在职场中脱颖而出、功成名就的人仅仅占少数，大多数还是把工作当作谋生手段，更多的时候是在一种无可奈何状态下庸庸碌碌直到退休。这一切究竟是为了什么呢？

为什么有的人对工作充满了热情和信心，喜欢迎接挑战，而另一些人却更喜欢对工作敷衍了事，碰到问题就选择躲开，把责任推给别人？这到底是什么造成的呢？

所有一切的迷惘困惑都指向了同一个问题，那就是：到底什么是工作呢？工作就是解决问题！

松下幸之助说过："工作就是不断地发现问题，分析问题，最终解决问题的一个过程——晋升之门永远只为那些随时解决问题的人敞开。"这番话道出了工作的真谛：工作并不是"完成任务"，也不是苦干、卖苦力，更不是领导吩咐什么我们就执行，然后等着发薪水。工作的实质就是凭借我们自身的能力、经验和智慧，凭借自身的干劲、韧劲和钻劲去克服困难，解决那些妨碍到我们实现目标的问题。

但是，很多人却往往忙着应付工作，将个人的问题视为工作的问题，夸大或者忽略工作中的问题。之所以应付工作，是因为工作中有层出不穷的问题和困难，而我们习惯性地将这些问题、困难推给上司和老板。我们只要避开问题就能避免犯错。避免了犯错的可能，老板就不能挑出我们的毛病，也就不会解雇我们。然而实际上，工作也好，人生也好，成功者与失败者的主要区别就在于：前者能够勇于解决问题，闯过难关通向胜利；而后者却只会像鸵鸟一样把头钻进沙子里，对问题视而不见，期望别人替自己解决问题或者幻想着问题自动消失。

事实上，那些高绩效的人，一步步走向成功的"幸运儿"，他们从未回避问题，从不惧怕困难。他们总是积极思考，善于透过问题的现象看到本质，并找出有效解决办法。所以，他们常常能够克服别人克服不了的困难，解决别人难以解决的问题。

工作中出现问题是正常的，就像是人生中总会遇到种种麻烦与不测一样。

因此，我们要直面企业中出现的问题，直面工作中出现的问题。至今还没听说过在工作中没有碰到过问题的人，无论是老板还是员工。

逃避问题，把问题推给上司或者是老板，这样做并不能解决问题。责怪老板不开明，责怪条件不具备，责怪同事不配合，这些怨气并不有益于问题本身的解决。愚蠢的人坐在一起互相抱怨，那么最终问题只会越来越严重。相反，明智的人总是多从自己身上寻找原因，积极寻求改进的办法……

因此，"想干事"会指导我们认识自我、认识工作，抛弃不作为，直接为企业解决问题。在我们想成就自己的梦想和抱负之前，我们必须首先从想干事开始。

◎ 执行力强弱决定实干效果 ◎

执行力的强弱主要取决于个人能力和工作态度。从这两个方面着手，就能提升执行力，提高效率。

执行力，就是良好地完成自己的工作和任务的能力。

曾经听说过这样一个发生在东北一家破产并被另一家财团收购的国有企业里的故事。企业破产了，厂里的员工对未来翘首以待，希望管理方能带来让人耳目一新的管理方法。但是，意外的是新领导的到来却没有带来什么变化。制度和人都没有变化，机器设备也没有变。而新领导对员工只有一个要求，那就是坚定不移地执行先前制定的制度。最终，不到一年时间，这家企业就扭亏为盈。新领导的绝招是什么？正是执行，无条件地执行。

美国人事决策国际公司的一位高管曾经指出："企业的战略之所以会失败，其主要原因就在于执行力不足。经理人要为此承担绝大部分的责任，或者是没有足够能力去执行，或者是判断错误，因此，提高'执行力'对经理人来说十分重要。"

另外，美国 ABB 公司董事长巴尼维克曾经说过这样的话——"一个经理人的成功，5%在战略，95%在执行。"每家企业的领导人可以说都是战略家，也都有很好的想法，但是却很难亲自处理公司的管理流程。在他们看来，这是早已过时的微观化管理，自己应该充分放权，把权力交给那些具体负责工作的人。

佐佑人力资源顾问有限公司总经理张志学就曾经说过："其实放权的观点是极为片面的。经理人参与到执行的过程中，并不意味着对他人权力的削弱，相反正是一种更好的积极融合。他们常常会从更加细小的环节出发，根据自己的理解不断提出新问题，并且将企业所存在的问题公之于众从而号召大家一起来解决问题。"

这里以罗兰·贝格咨询公司为例来进行说明。凡是与该公司创始人罗兰·贝格有过交集的人都会知道，罗兰不会忘记任何事情，哪怕那仅仅是一件小事。他每天都要接触许多不同的任务，每一个需要自己或别人做的事情他都会用录音笔记录下来并让秘书发给相关的人员。而且，他通常还会每天发出四五十个"内部备忘"给不同的人。在每一份"内部备忘"上都会标注时间，一旦时间到达后，秘书就会把这个"内部备忘"又重新放回罗兰的案头。所以，没有什么能够成为让其忘记一件曾经关注过的事情。

罗兰·贝格还常常把自己比喻成为一支足球队的教练，其主要工作当然应是在球场上完成。他通过实际的观察来发觉球员的个人特长，也只有这样才能为球员们找到更合适的位置，同时把自己的经验、智慧和建议传达给自己的球员。

其实，对于经理人而言，情况都应该是这样的，只有那些参与企业运营的经理人才能拥有足够把握全局的视角，也才能做出正确的取舍决策。

PDI 的刘女士就对此表示："工作都是以执行作为其核心，而且不论组织大小都不应该将其交付给其他人。如果一支球队的教练只会在办公室里与新球员达成协议并把所有的训练工作都交给助理的话，那么结果就可以清楚预料到了。"

执行对企业而言是那么的重要，以至于早在 2002 年上半年，全美企业经理人协会将"执行力"评选为经理人必须提升的技能。既然如此，我们如何才能提升执行力呢？

首先，经理人应该在企业内部建立一种"执行文化"。哈佛大学商学院教授拉姆查兰就指出："经理人培养'执行力'的目的就是为组织提供一个良好的示范，从而促使组织一种执行文化的形成，进而促进各经理人执行水平的提高。"

因此，我们可以说，在建立企业执行文化的过程中，经理人的示范作用非常大。在某种程度上，经理人的行为将决定其他人的行为，从而最终将其演变成企业整体文化的一个重要组成部分。

另外，企业员工执行力的强弱主要取决于两个因素：一是个人能力；二是工作态度。要提高员工执行力就必须从以上两个方面着手。

第一，提高工作能力。

没有工作能力是不可能按照领导要求很好地完成工作任务的。但是，想要提高员工能力，企业必须做好以下四个方面的工作：（1）员工自身必须加强学习并提高自身素质。（2）企业有步骤、有计划、分阶段地通过培训进修、轮岗锻炼、工作加压等方式促使员工进行自我提高。（3）企业进行现有的员工价值开发。如果把人的价值比喻成"冰山"的话，那么它有 90% 都是沉在水面下等待被开发的，而水面上的 10% 就是展现出来的各种能力。企业一定要让员工学会发现问题，主动思考并解决问题。企业要重视普通员工的解码能力，这样才能不断发掘员工自身的潜力和价值。（4）选拔合适的人才，让其在适合的岗位上工作。对于在岗位上不称职的人员进行调整或者解聘也会有助于员工整体能力的提高。

第二，转变工作态度。

态度不够积极正是造成执行力较弱的最主要原因。对于态度问题，我们总是在认识上存在着一个误区，那就是我们往往会认为良好态度的缺乏仅仅是下属员工的问题，是其不合格的表现，而这个问题的解决也只能通过要求该下属员工主动改变工作态度来解决。其实，想要真正解决这个问题首先应该让领导者做出改变，而不仅仅只是下属员工态度的改变。

然而，管理者要想让态度不佳的员工做出改变，变得具备执行力，应该从以下五个方面着手。

1. 了解员工个人的工作能力并帮助其规划职业生涯，使员工真正安心于企业的工作。

2. 应当经常与员工进行沟通交流。如果员工什么事都被管理人员隐瞒的话，这将会影响员工的情绪和工作态度。

3. 明确员工的工作目标。管理者在布置任务的时候，一定要明确指示期望达成的结果和所期望完成任务的时间，并与下属员工确认双方的理解是否相一致。只有做到这一点，执行力才有可能会实现。否则，下属员工对执行内容的理解与管理者相左，只会换来管理者对员工执行力的不满罢了。

4. 督促下属员工制订工作计划并将年度目标分解到每月每周，同时还要注重工作计划的科学性和可操作性。一旦有了工作计划，无论员工工作态度如何，都会自然而然对工作计划和任务进行思考并想方设法完成。

5. 严格、合理、有效的监督检查、控制机制及公开、公平业绩考核标准和奖惩制度。当充满热情和激情的员工面对其充满了嘲讽的奖惩制度的时候，作为社会动物的他们是很难做到置若罔闻的。表现不佳者被纵容，那么坏习惯就会像"瘟疫"一样被四处传播并复制。

总而言之，要想让员工做到有执行力这一点，管理者本身的改变能够起到决定性的作用。只有建立具有执行力的管理团队并且通过严格的制度进行管理，才能不断提高员工执行力，执行也才能成为一种企业文化在企业内部生根发芽。

　　说得最多的人往往地位最低，而真正的智者应该是大智若愚般的人，真正的成功也应该是行动的结果。同理，最伟大的人是在行动中被他人见识到其不凡之处的人。

◎ 宏图大业，始于小事 ◎

当面对一件毫不起眼的小事的时候，要一丝不苟、扎扎实实地做好，为将来的成功奠定基础。

成功并不一定都是成就大事业，把一件小事做好并持之以恒地做好每一件事也是成功的一个基本要素。

"千里之行，始于足下"。一个人只有从大处着眼，小处着手，无论工作大小与否都全力以赴去做，这样才能确保工作的顺利展开并高效完成。同时，作为一名员工，你必须真正理解"平凡"之中蕴含的深刻含义，关注那些以往总是被认为微不足道的小事，并尽心尽力去做好它们。

无论什么人，在进入工作生涯后，都需要经历一段把所学知识与具体经验相结合的过程。此时，你不能抱怨由于不具备工作经验而不得不接受微薄的工资，你更需要的是从一些简单的工作中开始实践并在其中不断学习。这样才能让你不断成长，不断接近自己的理想。所以，当面对一件毫不起眼的小事的时候，你要一丝不苟扎扎实实地做好，同时还要虚心向他人请教，积攒经验，为将来的成功奠定良好的基础。

大学刚毕业的峰被分配到了一个偏远的林区小镇当教师，工资低得可怜。但其实他有着不少的优势，例如数学基本功不错，还擅长写作。于是，峰在抱怨命运不公的同时也羡慕着那些拥有一份体面工作，拿着一份优厚薪水的同窗，如此一来，他不仅仅失去了工作的热情，就连对写作的兴趣都失去了。他整天都在琢磨着跳槽，然后能有机会换一份更好的工作，拿到一份优厚的报酬。就这样，两年时间转瞬即逝，他的本职工作做得一塌糊涂，写作上也没什么收获。其间，峰尝试着联系了几个自己喜欢的单位，但都被拒绝了。

然而，之后发生的一件小事改变了峰的命运。

那天，学校开运动会。这对文化活动相当贫乏的小镇而言，可谓是一件大事，因此前来观看的人特别多。小小的操场上很快就被围得人山人海。这次峰迟到了，站在厚厚的人墙后面，即使踮起脚尖也没办法看到里边的情形。这时，一旁的小男孩吸引了他。只见小男孩不停地从不远处搬来一块块砖头，耐心地在人墙后面垒着一个台子，一层又一层，足足半米高。峰并不清楚垒这个台子需要多长时间，但是当男孩站上去的时候还冲着峰笑了一笑，那正是胜利的笑容。

刹那间，峰被震撼了，这是一件多么简单的事情啊：要想越过密密麻麻的人墙看到精彩的比赛，那么只需要在脚下多垫些砖头就好了。从此以后，峰满怀激情地投入到了工作中，踏踏实实地艰苦实干。很快，他便成了远近驰名的教学能手，编辑的各类教材也接连出版，还有各种令人羡慕的荣誉也纷纷降临。业余时间，峰也不辍笔耕，他的各类文学作品频繁地见诸报刊，成了多家报社的特约撰稿人。而如今，峰已经被调到自己喜欢的中专学校任职。

其实，一个有理想的人只要不怕辛苦，默默在自己脚下多垫些"砖头"的话，就一定能看到自己渴望的风景，摘到高处那些诱人的果实。完成小事正是成就大事的第一步。伟大的成就总是尾随着一系列的小成功而来。在事业起步之际，我们会被分配到与自己能力、经验相称的工作岗位上，直到我们能够向团体证明自己的价值的时候，我们才能渐渐地被委以重任。将每一天都看作是学习的机会，这会使你在公司和集体中更富有价值。一旦获得了晋升机会，老板第一个想到的就是你。任何事、任何目标的成功，都是这样一步又一步达成的。

希尔顿酒店创始人康·尼·希尔顿就曾经对他的员工说过："大家务必谨记，千万不能把忧愁摆在脸上。无论酒店本身遭遇了何种困难，大家都必须要从让自己脸上永远充满微笑这件小事做起。只有这样，我们才能受到顾客的青睐。"就是这小小的微笑让希尔顿酒店遍布全球各地。

不要轻视小事，也不要厌恶小事，只要是有利于自己工作和事业的，无论什么事情我们都应该全力以赴。用小事堆砌起来的事业大厦才是坚固的，用小事堆砌起来的工作才是真正有质量的工作。"勿以善小而不为，勿以恶小而为之"。从细微处见精神。有做小事的精神才会有做大事的气魄。

理查德·瑞恩说："所有的成功者与我们都做着同样的小事，但这其中唯一的区别就在于，他们并不认为自己所做的事是简单的小事。"

◎ 拒绝不作为 ◎

有作为，那么就会拥有一切；不作为，等待着你的就将会是一无所有。

学会主动的目的就是拒绝不作为。

怎样才能算是"不作为"，怎样又称得上是"有作为"呢？本来，二者之间的区别是很明晰的，但是我们却经常停留在不作为的状态之中，还总不以为然。很多人抱怨公司这里不好那里不行，不给自己机会让自己成长。而事实上，我们甚至都不知道不作为的状态是自己造成的，并非别人强迫自己的。

首先，我们可以看一则故事。

主人要出远门，但是担心家里的金块被人偷走。于是，他把自己的三个仆人都叫到跟前并分别将1、3、5块金子分给他们。主人回家后，这三个仆人都分别把自己的金块交给了主人。

第一个仆人交出了一块金子——他怕金子被人偷走，于是就将它里三层外三层地包裹得严严实实地并埋在了一棵大树下面。结果，金子完好无损，还是一块。

第二个仆人交出了五块金子——因为他将金子存入了银行赚取了利息，又买了两块金子，于是三块金子就变成了五块。

第三个仆人交出了十块金子——他把五块金子换成了钱做生意，结果赚了大钱，又买了五块金子，于是五块金子就变成了十块。

如果你是这个主人的话，你肯定会欣赏第三位仆人，因为这位仆人将金子增值了一倍。这位仆人善于利用手上的资源，开动脑筋，想方设法地挣钱。他并没有像第一位仆人那样固守金子，也没有像第二位仆人那样把金子存入银行，而是用这份金子进行了一番作为。这番作为不仅为他提供了稳定的工作和更高的薪酬，还为他带来了主人的赏识……同样，通过第一位和二位仆人的行为我们也可以得到一个启示：如果一个人只是害怕冒险并且思想保守，从而不会有主动成就事业的想法，那么这个人将会一无所获或者是所获不多。

一块金子、五块金了和十块金子，这就是有无作为最直接的区别吧！

对于一个企业员工而言也是同样的道理：有作为，那么就会拥有一切；不作为，等待着你的就将会是一无所有。

并且，"不作为"对于一个有生命质量要求的人来说，这就是一种错误，因为在他们的思想意识里就是想要干出一番事业来，否则将会愧对自己。

现实中，我们也常常看到两种不作为的人：一种人是懒惰不作为。这种人随大流，尤其是当利益不是明确摆在眼前的时候，或者说即使有利益，但并非现实利益而是长远利益的时候，这可能要靠长期的努力和不懈的挑战才能实现。那么，这个时候这种人可能会懒散没什么积极性，自然更不会有什么作为。还有一种人是害怕承担责任，所以选择不作为。因为做不好丢了面子事小，自己还必须承担责任。所以，为了"安全"起见，他们会选择不作为。现在，对于那些身居要职而不作为的人来说，无论是犯错也好，犯罪也罢，都是在提醒我们——既然在世上走一遭，我们就应该积极思考，主动做事，不能懒惰或者害怕承担责任而致使无所作为。

每个人，首先是作为一个自然人存在的，这种存在就会让人要求衣食住行等各方面的基本需求和保障。因此，多数人会选择一家企业工作正为了生活得更好，房子更大，吃得更健康，生活变得更有保障……或许，没有人不喜欢这样的生活。

既然如此，我们为什么无法得到更多的薪酬，更多的福利呢？又是谁导致了我们的不作为的呢？

如果只能有一个理由的话，那么就是自我束缚！

事实上没有人能够阻止我们前进的步伐，只有我们的思想才能成为自己的绊脚石。

有些人在心底总有一个怪圈：被问及为什么要工作的时候，只会回答这是因为没办法，总是要吃饭的。所以就必须要挣钱，需要工作，但是他们只是僵硬地工作着，以一种混日子的心态工作着。不求闻达，自然也就没有卓越的业绩，也仅仅是当一天和尚撞一天钟。日子过得极其乏味，生活水平也不会获得很大的改善，整个人的生存状态也不好。还有着这样的一些人，他们往往开始的时候对工作很有信心，但是在做事的过程中却渐渐变得兴趣丧失，这些人正是处于"职场亚健康"状态。他们工作着，但是也在痛苦着，并在逐渐地处于自我麻痹和自我安慰之中：公司是老板的，而自己仅仅是一个打工的，做的工作越多也就意味受到老板越多的占便宜。自然，有这种思想的员工很容易成为牙膏式员工，每天按部就班地工作，全无活力，老板挤一下他才动一动。他们只会机械地完成工作任务，而不会创造性地、自主自发地工作。他们不会想到固然准时上下班，但工作却死气沉沉的，非常被动，其实这样受伤害最重的就是他们自己。因为看似占了企业的便宜，却并不知道一个坏的心境正在悄悄地毁灭掉他们的生活……

现在，当你看到本书的时候，你是否对上述问题思考过呢？如果没有，那么恭喜你，你可能已经是一位有作为的人了，未来生活也会变得更加充实美好；如果有的话，你也将会通过本书取得成为一个有作为的人的方法，而且还会少走很多弯路！

可以说，当你在有了重新焕发精神风采的愿望的时候，你已然成了一个有作为的人，并在朝着更多作为的方向前进。那么，首先你要"拒绝让自己成为自己成功的阻碍"，将这几个字大声念出来，多喊几遍，直至你觉得说出这几个字变得那么轻松和自然的时候。当然，不能像你刚刚想念出来时候的样子，怯生生的，又抬头害怕别人在，感到安全了，但是念出来的声音却几乎连自己都听不见。

让"拒绝让自己成为自己成功的阻碍"脱口而出吧！从此以后，让我们生命的光彩不仅照耀着自己，还照耀着我们的家人、朋友和工作中的领导、同事。

◎ 不简单就是把简单的事做到位 ◎

把容易的事情翻来覆去地做到位，就是不容易；把简单的事情日复一日地做到位，就是不简单。

企业中的任何事情都是必要的，小事情对公司也是不可或缺的一部分，倘若这必不可少的部分没做好，那么也会影响全局。

当代中国橱柜业领军企业欧派公司是由生产医疗器械起家的。在其发展进程中，曾经发生过这样一件事：一天，医院和经销商突然纷纷地把货退了回来。这使得公司陷入一片惊慌，而其中最着急的就是企业的老总姚良松。姚良松由穷学生到闯出一片天地，这其中的艰辛自是难以形容的。可是正当他要大展拳脚的时候，终端市场竟然出现了退货这样的问题，这无疑是给了他一记当头棒喝。通过追踪调查，这竟然仅仅是因为生产线上一位工人把器械的正负极装反了。更不曾料到的是，这名工人身边的工友都是知道的，然而因为事不关己，也就任其自然了。就这样，产品从生产线上下来，流到了终端用户手上……

把产品正负极装反貌似是一件小事，但是其产生的后果成了一件严重影响企业品牌、声誉的大事，并且致使企业一度出现了停工停产的情况，这是企业创办以来前所未有的。而没有及时纠正同事犯下的错误看似也不值一提，但从中可看出大问题——其人品不佳，恐怕该人很难再受欢迎，更别说受到重用。并且，企业的一些员工持事不关己高高挂起的态度似乎理所当然，但是各人自扫门前雪，不惜损害企业利益的风气却差点搞垮一家企业……

最终，姚良松使每一位员工都有了追求完美的意识和观念。这样，自己有了错误别人能提出来，而自己也将会由衷感谢；对于别人的错误，自己会提出来，也不怕打击报复。姚良松一遍又一遍地教导，有人说他是喊口号也罢，是搞形式主义也罢，他都固执地坚持大会小会、大事小事，一有机会就强调追求完美。直至今日，大家一遇到事情就会条件反射般地想到追求完美，以完美的标准来严格要求自己。

张瑞敏曾经说过两句话：

什么是不容易？就是把容易的事情翻来覆去地做到位，这就是不容易。

什么又是不简单？就是把简单的事情日复一日、月复一月地做到位，这就是不简单。

因此，一切伟大的事情、了不起的事情其实都是源自于小事。可以这么说，只有小事情，但没有不重要的事情。

小事情中往往包含着大智慧。一个人只有能把小事情做到完美，才能把大事情做好，也才能拥有大智慧。忽略小事情，或者认为它们无关紧要，这样的想法正是一个人做事不能善始善终的根本原因，因为很多被认为无关紧要的小事其实可以直接导致工作的错漏百出。

另外，处理、分析日常琐事体现了一个人的能动力，在简单的行动中，才能更加显示一个人的真本事。

很多人只做所谓的"大事"，不切实际也不实干。几瓶啤酒下肚就会滔滔不绝的人多半是不实干的；而用商业计划书来撑门面，然后满世界碰运气的也是不实际者。他们不明白的是，不可能会凭借一纸计划书就能获得成功。把虚幻当真事去追求，这样只会白白浪费时间和金钱，还消磨了宝贵的激情！

工作中没有小事，也不要忽视平凡的小事，其实平凡中孕育着伟大。那些在今天有所成就的人在起初的时候不是叫嚷着自己有多么远大的梦想，而是从最基层的事情做起。没有人能一步登天，凡事需要从点滴做起，如果缺乏对小事的积累和耕耘，一切都只能是空想。

1992年，在中关村摆柜台的冯军是当时唯一一个拥有清华大学本科文凭却能放下"面子"从最基础工作、从拉平板车送货做起的人。冯军的生意是从卖电机箱和键盘开始的。他卖的是"小太阳"键盘。随着他"小太阳就是结实，砸在地上也不怕"的叫卖声，他猛地一下就把手中的键盘摔在地上。于是大家纷纷涌过来看热闹，他就指着"小太阳"说："认准'小太阳'，130元一个，只赚五元！"

在如今的中关村，每当提起爱国者品牌，许多人都对当年的"冯五块"记忆犹新，但更让人惊讶的是爱国者今时今日的快速发展和向国际进军的行动及信心。

1993年，当冯军成立"华旗"的时候便在心底埋下了成为"中华旗舰"的梦想。在冯军的领导下，爱国者开始了大胆的实践，每一小步都做得扎扎实实，譬如在国外参展，他们就一定会穿唐装，让自己成为一道风景。爱国者的标志也改变成为"ai-go"，正是因为人们最容易认出圆圈，也容易对圆的东西产生好感，就像迪士尼的卡通形象，嘴巴、耳朵等都采用了圆形的设计。

人们喜欢"圆"，就这样，爱国者开始走入了国人的视野。

敢做，有时候也就意味着敢放弃。爱国者放弃了大量传统的广告宣传方式，而是选择了和欧洲顶级赛事F1进行合作。

当时，冯军并不了解赛车。在赞助F1论坛的时候，他还并不认识雷诺和迈凯伦两位老板，于是就像对待陌生人一样打算与两位老板交换名片。但两位老板在圈中鼎鼎有名，是不需要名片的，于是冯军被告知他们并没有名片。这件事一度成为F1圈内的一段笑谈：要赞助F1的中国老板竟然不知道雷诺和迈凯伦两位老板。

虽然受窘，但是冯军并未因此打退堂鼓。于是很多几乎不可能的事情都发生在了冯军身上，所以他便没什么不敢干的了。后来，爱国者与迈凯伦合作，正式成为了F1赛事的赞助商。

2008年，伟大的奥运精神首次在中华大地上大放异彩，这不仅体现在了经济水平上，还在商业领域得到了体现。对于爱国者而言，赞助国家赛事，即使是奥运会这样的国际赛事，在今天也已经容易很多了。这就是一点一点地训练出来的敢干事的本领。

敢干事就是靠点滴训练而来的，而敢干事的勇气也使得冯军成就了自我。一切从小事做起，这是一个再简单不过的存在于现实世界的道理，但是敢于做小事却不是每个人都拥有的品质。然而，一切有成就的人无不是从小事开始做起来的，这就是古今中外长存不变的事实。

◎ 从小事入手，扩大影响力 ◎

任何伟大都是从细微之处开始的。要想增强自己在未来的影响力，就需要做精做细每一件小事。

不积跬步，无以至千里；不积小流，无以成江河。

任何伟大都是从细微之处开始的。要想增强自己在未来更敢干的胆量，有一点值得特别注意，那就是成为一个有影响力的人。影响力越大就越敢前进，也就越敢有所作为地干一番大事业。

影响力的塑造总是得益于对小事的拿捏和收放自如。

工作中，一个员工的影响力越大，他做事情的主动性就会越强，决心也就越坚定。很多成功者为了塑造并扩大自身的影响力，就是先从小事做起，甚至于从一些不值一提的小事情开始的。比如，成功者都很重视说话和演讲，重视与他人的沟通和交流。一般情况下，我们很少对每天说的话、说话的方式等诸如此类的事情做特别的关注或者思考。然而，那些有很大影响力的人却首先从说话开始锻炼自己的个人魅力。日积月累，他们在公共场合的发言变得越来越出色，在公众眼中的影响力也越来越大，自己的信心也在不断增强，同时让别人对自己也更加有信心。

或许你会觉得这一切不可思议，但事实上，对小事的不马虎正是在为我们营造一个敢作敢为的空间。就像当年的冯军一样，他把键盘摔在地上也就成了一个对他人产生影响的中心。这时，周围的人、事物和环境就会督促我们把事情做下去，我们也会在不知不觉中成为敢作敢当的人。

广州千叶松总裁何爱辉也是一个总能把小事情处理好，并塑造了个人和企业品牌、信誉的人。

何爱辉有一件至今仍让客户和员工津津乐道的故事。故事发生在他还在骑摩托车送货的时期。那年夏天，深圳刮起了七级台风，风雨交加的天气中，他还和客户约定了要把货送到东莞，路上需要骑行两个半小时。

狂风中不时夹杂着阵雨，虽然所有人都劝他不要去，但他却说："我既然已经答应了，那么就一定要做到。我会注意骑慢一点的。"说完，他就把几桶油漆绑在摩托车后座上，穿上雨衣出发了。

何爱辉把对客户的承诺看得比自己的生命还要重要，宁可冒生命危险也要去送货。虽然被风吹得东摇西晃，被雨淋得全身又湿又冷，甚至连握车把的手都麻了，但是他还是没有回头。到了客户那里，他首先注意的也不是自己，而是怕雨鞋弄湿对方办公室。于是，在进门前他还换上了干爽的皮鞋。

客户被他的诚信所感动，握着他的手连说感谢。

而对于千叶松产品，何爱辉更是抱着负责到底的理念。对此，他说："我要做到让客户购买我们的产品'零风险'，无论有什么问题，我都全部负责，不推卸责任。这就是'千叶松'成为品牌的保证。"

一次，何爱辉接到客户怒气冲冲的投诉电话，说他们订购的白色藤漆器颜色不对，这可能是工人没有对板就喷上漆。于是，那批货都被退回来，全部 5000 个藤篮都得返工。何爱辉听完，立即回应道："好，这是我们的问题，我再多赔 20 桶漆给你。"

这件事虽然是因为千叶松生产的油漆颜色与客户要求存在一些偏差，但是对方没有对板喷漆，在作业程序上也有不对，责任理应对半分。但结果何爱辉却不做任何辩解，将全部责任一起承担下来。

于是，何爱辉把整件事的处理过程打印成了公告并贴在公告栏上，提醒员工做事要谨慎，即使一点点的疏忽也会造成巨大的损失。他希望这次事件能起到警示作用，让员工从中汲取教训，下次不要再犯。正如他常说的一句话："犯错没有关系，但是重复犯同样的错误就不可原谅了。"

何爱辉的对客户负责对员工起到了正面示范的作用，有一种上行下效的作用。受到来自他的影响，负责这批产品生产的领班自愿接受处罚，从当月薪水里扣除 200 元。这个数目在当时是这位领班薪水的三分之一。

如今，在涂料行业，人们一听到何爱辉这个名字便会产生信任感。而何爱辉的个人品牌也就这样一点一点地被成功塑造起来，而且还让公司产生了利润。

因此，想要在工作中成功的话，就必须要努力从工作中找到机会并使自己成为一个有影响力的人。而所谓的机遇也就是一件件的小事情。如果你重视它们，那么它们就将会为你所用。有些人总是觉得为一些小事牺牲自己的私人空间和时间是不值得的，也总认为这是不公平的，但其实有许多的人曾经就因为失去这种机遇而抱憾终身。

所谓的敢做事情，更多的时候就是要付出比别人更多的时间和精力来做事。如果我们不积极付出，那么我们将不会得到意外的收获。所以，只要我们肯付出，我们得到的可能就远远不止我们所预期的了，这样的投资对于每个人而言都会很划算的。

　　最后，请切记：敢干不是指在空想的世界里大展拳脚、大步流星，它其实是指在现实的世界里一步一步地行动，实实在在地行动。

◎ 能力的积累可以提升价值 ◎

薪水是对自身能力的认可，也是实际价值的兑现，能力的积累可以使我们未来的薪水倍增。

日本著名企业家松下幸之助曾经接受过一位年轻报社记者的采访。年轻人很珍惜这次机会并对此做了认真的准备。因此，他与松下幸之助相谈甚欢。采访结束，松下幸之助问起年轻人的月薪。年轻人不好意思地答道："很少，才一万日元。"

松下幸之助微笑着对年轻人说："虽然你时下的薪水才一万日元，但其实远不止一万日元。"面对年轻人满面的疑惑，他又继续解释道："年轻人，你要知道，你今天能争取到采访我的机会，同样地，明天也能争取到采访其他名人的机会，这就证明了你在采访方面有着一定的天分。如果你能在这方面多多积累才能和经验的话，就像到银行存钱一样，只有存入才能获得利息，而你的才能也会在社会的银行里产生利息，将来便能连本带利地还给你。"

确实，薪水只是对我们现有能力和价值的认可，也是后者的兑现，但能力的积累却可以使我们未来的价值倍增。

一家公司要招聘业务人员，招聘广告发出后应聘者便接踵而来。筛选过程中，招聘主管发现其中一名应聘者资历突出，非常适合，但对公司而言却又有一种小庙容不下大神的风险，因此招聘主管对他不抱太大希望。于是，在面谈的时候，招聘主管诚恳地告诉他，根据公司规定，无法支付他太高的薪水。没想到的是他竟然接受了不到他原有薪水一半的条件，这使得招聘主管感到有些意外。正式上班后，他也没有显示出曾是大企业员工的傲慢，而是准时上班、勤跑客户并把报表填写得清清楚楚的。不久后，凭借远远超过大家预料的业绩，他在短时间内受到了公司的破格晋升和大幅度加薪。

经了解，他原来在前一家公司担任的是主管，工作相当顺利，薪水自然十分可观，本以为可以衣食无忧，但没想到公司投资失败，老板也不知去向，让他无处哭诉。其间，他也曾经因为实际薪水和自己所要求的不相符而怨天尤人，总以为自己是怀才不遇。但在经历了一段时间的思考后，他又选择了重新开始，去体会价值与价格之间的差距。

在忙碌的工作中，我们需要不断地思考一个问题——到底我们忙碌的方向和目的是为了自己的价值还是价格呢？

答案很明显，只有选择了价值才能保住价格。

下篇
实干的人这样干

实干胜于空谈。我们理应成为一个实干者，用实干把事情做得更好，让自己获得长足的发展和美好的前程。要做一个实干者，就必须内外兼修，在精神和行动上同时达到实干的标准，用切实管用的方法去追求实效、创造业绩、改变未来。

第五章 ／ 实中有巧——实干者这样思考

实干，并不是埋头苦干，更不是不动脑筋地蛮干及胡干。事实上，实干需要思考，需要和巧干相结合。巧干不是投机取巧，而是讲究工作方法。学会了巧干，就能把"不可能"翻转成为"可能"。我们不是缺少机会，而是缺少巧干的思维。所以，请像实干者一样思考吧！

◎ 实中有巧的表现 ◎

表现一：选公司就像选爱人

当你选择企业的时候，应该弄清楚自己有什么。改进自身的条件，努力满足企业的需求，让自己与公司相匹配才是最佳的选择。

当你选择了一家企业的时候，你就应该看清楚自己手中握有的砝码。

曾经的我们都有过这样的抱负：进一家值得为之奋斗一生的公司或者是企业，然后大展拳脚做出一番轰轰烈烈的事业。可事实上，往往会被命运捉弄。当然，我们也因此听过不少抱怨：没法进像华为、中国移动、格兰仕这样的大公司，又谈何有所作为呢？最后，这样的人终会一无所成。

那么，如果想要在企业里做出一番业绩的话，我们怎样正确看待自己所在企业也很重要。既然如此，进入怎样的公司才好呢？我们又应该在公司里处于什么样的地位？且看下文分析的几种情况。

情况1：如果我们正在供职的公司有点儿小，但著名的公司也曾经平凡过，大公司也曾是小公司。说不定，我们现在所处的公司潜力巨大，有可能正处在向大公司发展的某个阶段。因此，在这种情况下，我们需要注意的是，关键在于我们能否在公司成长时期也同时获得成长并能在其中体现自身价值。所以，千万不能妄自菲薄，也不可"这山望着那山高"，致使白白耽误了大好前程。

对此，有太多抱憾终身的人了。试想一下，多少人在华为、阿里巴巴还没成气候的时候离开了，如今剩下的只有两个字——"后悔"，但现在也只能打落牙齿和血吞了。"都怪自己没能看清楚形势！"

情况2：如果你想进入像格兰仕、华为、海尔这样的大公司工作，那么你至少要符合以下两个条件中的一个：你是即将毕业的优秀大学生，因为这些公司常常会从大学毕业生中聘请新人从头开始培养；或者你是一个特别有能力且凭借自身能力立马就能为其所用的人。所以，我们一定要客观地找准自己的定位：自己所处的阶段，自己的真正实力，最后才做出正确选择。

实话说，我们大多数的人通常都没有进入这些"最理想"公司的机会。既然如此，那么我们何必勉强自己，其实眼前所拥有的才是最值得珍惜的。

不难发现，我们身边的同事，有的已经在不知不觉中走到了前面，取得了这样那样的成绩。所以，"一方水土养一方人"，让自己成为"这方水土的人才"，这才是最好且最实际的选择。

情况3：大部分人只能进入与自己目前能力相匹配的公司并能得到与自己能力相适应的职位。

我们并不是因为幸运才能进入现在的公司，也没有受到他人的勉强，其实仅仅是因为匹配。所以，我们并没有资格抱怨连天，也没有理由自怨自艾，这样只会让我们越来越不能适应公司的环境，使得我们与公司格格不入。最终，离开公司事小，得不到成长事大。

情况4：如果不出意外的话，我们所在的公司只会发展得越来越好，公司将来的门槛也会越来越高，那么显而易见，在我们之后进入的人也会比我们加入的时候更加优秀得多。

事实上，一家公司的成长过程也是其员工经历筛选的过程。只有能推动公司进步的员工才能最终留在这个平台上，相对而言，这些人也是非常优秀的。"人才吸引人才"，在此之后加入公司的人大抵素质都会不差，这就需要老员工有一个平和的心态。"后进入的员工都会很优秀"，当认识到这点的时候，我们便会"不待扬鞭自奋蹄"，紧随公司的成长而进步。一棵棵幼芽终究会通过自身力量的积蓄钻出地面，竹子也需在地下四年才能破土而出，可一旦长出地面便又会变得一年比一年长得快。因此，我们只要一直期冀着攀上成功的巅峰，那么对我们而言便没有哪一条路显得太遥远。

通过对以上四种情况的分析，需要申明的是：作为一名员工，必须要在公司或者企业这杆秤上称量一下自己到底几斤几两，自己怎样才能加重自己的分量。

现在，在直面上述的事实后，我们可能就不会再怨天尤人了。其实，为了成功，我们都已经进入了一家目前看起来最适合我们的公司。在各自的平台上，有的人甚至已经开始有所作为了。

表现二：把爱好和工作相结合

我们应该尝试把自己的爱好和所从事的工作相结合。这样容易从中找到快乐，获得经验、知识和信心。

现在，仍然有着很多人对于工作没有一个正确的认知，或有失偏颇，或自欺欺人。那么，工作究竟意味着什么呢？

工作会为你带来薪酬，而你的薪酬会和你的能力的高低成正比；工作会为你带来自我成就的感觉，而别人对你的认可与你成就感的高低成正比；工作会为你带来自我承担责任的动力，而你的人生价值与责任承担得好坏成正比。

因此，倘若你不工作，那么就没人支付你薪水，你的能力无处展现，也就没有任何成就感，也就没有人会认可你，你也无法完成身上所担的任务，你的人生价值就更加无从谈起，生活也将变得极其乏味……

对于每一个人，工作都是一个展示人生魅力的大舞台。对工作的认知越深就会更努力工作，也会更加尽可能地做出实实在在的成果。那么，在人生的这个舞台上就会跳出最动人的舞姿，而别人也会欣赏这美丽的舞姿。相反，那些对工作没有认同感的人则会在工作中急功近利，这样反而不会有好的回报。

现在，对于很多人而言，如果仅仅把工作作为一种谋生的手段的话，那么便没人会去重视它、热爱它。而当把它作为深化、拓宽自身阅历的途径的时候，每个人都不会从心底轻视它。工作所能带给我们的将远远超过工作本身。

总而言之，工作不仅仅是生存的需要，也是实现个人人生价值的需要。一个人不能终其一生无所事事，应该尝试把自己的爱好和所从事的工作相结合。无论做什么，我们都要从中找到快乐，并且还要真心热爱这份工作。

通过工作，我们可以获得经验、知识和信心。并且所投入的热情越多决心就越大，工作的效率也会越高。抱着这样的热情和执着，工作将不再是苦差事，而是一件值得全身心投入的事业，而且还会有人肯付钱来请你做你喜欢的事情。这样看来，也蛮划算的！

表现三：实干 + 智慧 = 实效

工作需要实干，更需要巧干，需要开动脑筋寻找更有效的方法。这样，就会赢得更多的发展机会，迎来更大的成功。

古今中外，凡是能够主动找方法解决问题并能最终做到的人总是社会的稀缺资源。只要这样的人才出现，便会很快像明星一样耀眼，而机会也会主动找上门来。

2002年的一次世界华商大会上，一位杨姓著名华商的发言，给大家留下了深刻的印象。

杨先生是浙江温州人，在十多年前为帮助远房亲戚开饭店而来到欧洲。没想到的是，他刚到不久，亲戚就突然患病去世而饭店也很快垮掉了。

杨先生并不想回国，于是就在当地找了一份工作。几年后，他在一家中等规模的保健品厂工作。那间公司的产品不错，但知名度却不高。他从推销职员干起，一直升到主管。一次在坐飞机出差的过程中，他却意外遇到了劫机。在度过艰险的十个小时后，在各界努力下，问题终于获得了解决而他也终于可以回家了。就在他要走出机舱的一瞬间，他突然想到了电影里常看到的情景：当被劫机的人走出机舱的时候，总会有很多记者过来采访。那么，自己为什么不利用这次机会为公司宣传一下呢？于是，他立即做出一个出人意料的举动：从箱子里拿出一张纸，写上了很显眼的几个大字，"我是××公司的××，我和公司的××牌保健品都安然无恙，感谢大家的营救"。

他拿着这个牌子一出来便立马被很多电视台的镜头捕捉到了。于是，他成了这次劫机事件的明星，并受到多家媒体的采访报道。等回到公司的时候，公司的董事长和总经理带着所有的中层主管，都站在公司门口欢迎他。原来，他在机场别出心裁的举动使得公司和产品的名字几乎一瞬间变得家喻户晓。公司的电话几乎被打爆了，而订单也是一个接着一个。结果，他不但被任命为公司营销主管和公关的副总经理，还被奖励了一笔丰厚的奖金。

杨先生的故事恰恰说明了一件事：在任何单位、任何机构，凡是能够主动找方法解决问题的人才最容易脱颖而出。

好的办法不仅能为人解除不便，还能让人有更好的发展，更能为单位创造最直接的效益。所以，无论哪家单位的领导都没理由不格外重视想方设法帮公司解决问题的人。

众所周知，美国福特汽车公司是美国最早、最大的汽车公司之一。1995年，公司推出一款新车。这款新车无论是在样式、功能上都很好，价格也不贵，但奇怪的是，销售业绩却一直平平，这与当初的设想完全相反。公司的经理们急得像热锅上的蚂蚁一样，但绞尽脑汁也想不出让产品畅销的方法。这时在福特汽车的销量居全国末位的费城地区，一位刚毕业不久的大学生对这款车型产生了浓厚的兴趣，这个人就是艾柯卡。他当时虽然才是福特汽车公司的一位见习工程师，本来与汽车的销量并无关系，但公司老总因为新车滞销而着急的神情都深深地刻入了他的脑中。于是，他开始琢磨着怎么让这款汽车畅销。终于在某一天，他灵光一闪便径直向经理办公室走去。他向经理提出了一个创意：在报纸上刊登广告，内容是"花56元买一辆56型福特"。

这个创意的具体做法就是：如果想买1956年生产的福特汽车，只需要先付20%的货款，余下部分可以采用每月付56美元的方式来逐步付清。结果这一办法十分有效，这个广告变得广为流传。这个做法不仅打消了很多人对车价的顾虑，还给人们带来了"每月花56美元很划算"的印象。

这样一句简单的广告词带来了巨大的奇迹：短短三个月时间，该款汽车在费城地区的销量从原来的末位荣升为全国的冠军。

同时，这位年轻工程师的才能也很快受到了赏识和提拔。后来，艾柯卡不断根据公司的发展趋势，想出了一系列富有创意的举措，并最终成了福特公司的总裁。

在很多人还认为只需要按部就班地把工作做下去的时候，总是有一些优秀的人会找到更加有效的方法，更快地提升效率，更好地解决问题。也正是因为他们有这种找办法的意识和能力，很快他们受到了赏识。

我们再来看一个故事。

1793年，守卫土伦城的法国军队叛变。叛军在英国军队的帮助下，将土伦城护卫得像铜墙铁壁一般。前来平息这场叛乱的法国军队无论如何也没法攻下。土伦城四面环水，其中三面是深水区。英国军舰就在水面巡逻，只要前来攻城的法国军队一靠近就会猛烈开火。而且，法国的军舰远远不敌英国的军舰，对其根本无计可施，把法国军队指挥官急得团团转。

就在这个时候，在平叛军队中一位年仅24岁的炮兵上尉灵机一动，当即用笔写下来对策并将其交给了指挥官："将军阁下：请急调100艘巨型木舰，并将其装上陆战用的火炮代替舰炮，然后拦腰袭击英军舰，以劣胜优。"果然，这种"新式武器"一调来，英国舰艇就纷纷溃败。两天下来，原来把土伦城护卫得严严实实的英军舰艇也被轰得七零八落，不得不逃走。而叛军见到后，也纷纷缴械投降。这位年轻的上尉也即是后来的法国皇帝、威慑世界的拿破仑。

就像很多成功人士一样，拿破仑之所以获得成功，就是因为他在相当程度上抓住了一个关键的脱颖而出的时机并从此走上了一个有高度的新起点。有了新起点就意味着拥有了一个更大的舞台，也就能吸引更多的人向自己看齐，因而也才能汇聚更多的资源。

开动脑筋，多想办法，为你所在企业解决难题。这样，你就会迎来更多的发展机会，也将迎来更大的成功！

表现四：实干的意识决定成果

实干的行动与思想同等重要。在思想意识当中，结果意识、服从意识、创新意识、合作意识尤其重要。围绕这几点执行，就能让成果最大化。

在如今的经济背景之下，裁员之风还未停止，即使国家采取了很多措施尽量避免这种情况的发生，以保障职工权益。但作为员工，我们只有在为企业带来更多利润的前提下，才有可能被企业留下。

那么，我们要怎么做才能把自己的一腔热情融入实际工作中呢？这就取决于我们的进步意识和具体行动了。

人有两种能力，一种是思维能力，另一种是行动实践能力。这两种能力决定了是否能把事情出色完成，并且行动与思想同等重要。

在意识当中，我们提炼出了几种最重要的观念意识——目标意识、结果意识、服从意识、创新意识、合作意识。

目标意识会让人志存高远，会让人有前进的方向。俄国大文豪托尔斯泰曾经有过这样一句名言："人要有生活的目标，一辈子的目标，一阶段的目标，一年的目标，一个月的目标，一个星期的目标，一天的目标，一小时的目标，一分钟的目标，还必须为了大目标而牺牲小目标。"

结果意识会让我们少走弯路。在这个时代，"忙人"很多，他们急急忙忙地做这做那，但回头一看，却发现自己其实并没有做成几件像样的事情。

他们常常把"忙"字作为自己努力的漂亮外衣，却没有想过，这种忙只不过是穷忙、瞎忙，并没有为企业和自己带来利益。纵使有千万个理由都不重要。重要的是事情的结果是怎样的。因为我们是靠结果生存的，依靠理由我们是没法生存的。公司是员工努力证明其工作成果的战场，无论何时何地，一旦你所做的事情没有结果，那么你将永远只是一颗被弃的棋子。证明自己唯一的标准就是结果！

价值意识让我们谨遵经济的交换法则，让我们的价值不断提升。我们都知道客户之所以向企业支付金钱，就是因为企业为客户提供了令他们满意的价值。所以，他们愿意用货币来交换，并让企业得到发展。那么，我们可以换个角度思考，企业和员工之间的关系本质上就是这样的。公司之所以给员工提供工资、奖金、培训以及各种提升机会，正是因为员工为企业创造了足够的价值。我们希望企业不断地给我们涨工资奖金、提升职位，这些要求十分合理。但是，正如企业希望有更多客户购买自己的产品一样，我们必须为企业创造更大的价值。

观念决定一切！只有在头脑中遵守这三种意识，我们才能将其付诸实践之中。并且，在行动的时候，我们也应该紧紧地抓住几个比较重要的环节——创新、合作、服从。

西点军校里，"服从"不需要任何借口，忠诚也是军人的形象。而在实际工作中，也是这样的。我们只有服从领导和团队的指挥才有可能得到更进一步的发展。要把服从作为核心理念来看待，老板就是老板，而员工也就是员工。服从让我们创造价值，每个人都要有意识地服从老板、上司。如果存在不同意见，可以在老板没做出最终决策的时候提出，但一旦老板决定了，那么就必须要服从决定，即使这个决定违背了自己的本意，也要"盲从"。

"令行禁止"的企业才会有高效率，也才会有竞争力。

个人必须服从于团队。没有服从就不会有团队的成功，当然也就不会有个人的成功。所有团队运作的前置条件就是服从，没有服从就没有一切。而所谓的宏伟蓝图、长远计划等都是在服从的前提下成立的，否则一切的计划都等于空谈。服从命令才是执行的保证，如果没有员工能够执行好公司的策略，又怎么可能创造出卓越的业绩，又怎么能让公司实现目标呢？杰克·韦尔奇说过："战略不过是一张纸而已。但一旦没有出色的执行，就是一张废纸。"

由于我们太过保守，过于墨守成规，使得我们的工作没有进展。改变这样的现状就意味着我们必须要创新，用心、用脑去做事情。对企业的经营管理而言，创新已不再是单纯的研发，而是寻找做一件事的最佳途径。当我们有这种意识的时候，那么我们就都能够做到创新，而且在看似条件越是不允许的情况下，我们创新的可能性就会越大。

工作中的创新总是能给人带来意想不到的收获。意大利米开朗琪罗雕成了著名的大卫像，而所用的材料却是当时其他雕刻大师不要了的大理石。虽然这块大理石中间缺了一大块，但他却将其变废为宝，雕成了大卫站立面对巨人的姿势，极好地弥补了大理石的缺陷并使之成为传世之作。

创新的不竭动力正是对学习新鲜事物的热忱，饶有兴致地接触、体验甚至使用。新中大软件公司总裁石忠韬对于那些恐惧互联网和电子商务的人明确地提出了一个与时代接轨的观点，他说："对企业而言，什么才是创新的商业模式？是传统商业模式加上互联网工具。"

如果没有团队或者竞争对手的良好合作，我们就不可能达到自己的目标。只有合作才能使我们实现目标的速度更快、时间更短。假设企业是一艘巨大的航母，每一位员工则是它不可获取的一部分。这艘航母能否向自己的预定目标前进，主要依据其全体员工能否精诚合作。只有每一个员工的方向始终保持一致，射出的利箭才能以无往不利的力量射中靶心。

比尔·盖茨也认为："在一家全体雇员都具有高智商的公司里工作，如果能够有效地合作，就会让公司的聪明人彼此之间发生可能的联系。也就是，当这些高智商人才良好合作时，其能量将会冲出一条路：交叉合作的激励会产生新的思想能量——那些并不是那么有经验的雇员也会因此被带动到一个更高的水平上，从而实现整体利益的最大化。"

表现五：把工作当作是一种乐趣

如果把工作当作乐趣，那么人生就是天堂。所以，我们不应厌烦工作，而应该怀着感恩的心去工作、去收获。

怀着感恩的心工作，我们在工作过程中要努力做到待人如己。待人如己是很多成功者的宝贵经验，凡事能为他人着想，站在别人的立场上思考。"当你是一名下属的时候，你应该多考虑上级领导的难处，给领导一些同情和理解；当你成为一名领导的时候，则需要考虑下属的利益，对他们多一些鼓励和支持。"

待人如己是一种动力，它可以推动整个工作环境的改善。当我们尝试待人如己的时候，可以多替上级领导着想，那时你身上就会散发出一种善意并影响和感染包括领导在内周遭的人。这种善意最终会回报到你身上。也许，你今天从领导处获得的那一份同情和理解，极有可能是从前你在与人相处时遵守这条规则所产生的有益结果。

怀着感恩的心工作，使我们能在工作中充满热忱。

美国石油大王洛克菲勒曾给其儿子写过一封信，信中告诫儿子道："要是你把工作当作一种乐趣，那么人生便是天堂；要是你把工作当作是一种义务，那么人生便是地狱。"这是一种内在与外界之间良好的互动，相信任何人都会从中受益。他在信中还写道：

亲爱的约翰：

我可以很自豪地告诉你一件事，那就是我从未尝过失业的滋味。这并非因为我运气好，相反，是因为我从未把工作当作毫无乐趣的苦役，并能从中找到无限的乐趣。

工作是一项特权，它可以在维持生活的基础上带给你更多的物质。工作是一切生意的基础，一切繁荣的来源，也是天才的塑造者。同时，工作还能让年轻人奋发有为，比他们富有的父母做得更多。工作用最微弱的积蓄展现出来，并为幸福奠定基础。只有工作才能给予我们最大的恩惠，从而给予最大的结果。工作是一种食盐，可以为生命增添味道。然而，人们首先必须爱它。

在我初涉商界的时候，常常会听到别人说，一个人想爬到高峰就必须要做出很多牺牲。然而，岁月流逝，我开始明白许多正在攀向高峰的人并非在"付出代价"。他们正是因为真正热爱工作才会努力工作。每一种行业中，向上攀登的人都由衷地喜欢着其所从事的工作，所以才能完全投入、专心致志。成功也就是再自然不过的事情了。

"痛苦终将过去，而美丽却将永存"。对工作的热爱是一种信念。而我们只要怀着这份信念，就可以把绝望的大山凿成一块块希望的磐石。

但有的人始终在寻找着"完美的"雇主或工作。他们有宏伟的野心，但对工作却太过挑剔。其实雇主需要的，正是那些准时工作、诚实而努力的雇员。而他也只会把加薪和升职的机会留给那些非常努力、忠诚、热心并花更多时间工作的雇员，因为这是经营生意而非慈善事业。他需要的是，并且只会是那些有价值的人。

一个人无论有多么大的野心，他至少需要先起步，这样才能逐步走向人生的高峰。一旦起步，继续前进就并非难事了。工作越是困难或不愉快，就越需要马上去做。倘若等待的时间越久，瞄准的时间越长，那么射击的机会就会越少。

我永远也不会忘记第一份工作的经历，那份工作从来没有让我感觉到枯燥乏味。那时候，我虽然每天天刚亮就必须得去上班，办公室点着昏暗的油灯，但这反而令我非常着迷和喜悦，连办公室里所有的繁文缛节都无法让我对此失去兴趣。而结果是，雇主总是不断地在给我加薪。

我们应该意识到，收入仅仅是你工作的副产品，出色地把你应该做的事做完，理想的薪水也就一定会到来。而更重要的是，我们劳苦的最高报酬是我们会成为怎样的人。那些头脑灵活的人拼命劳作绝对不仅仅是为了挣钱，而令他们工作热情得以维持下去的东西要比这个高尚得多。他们从事的工作，在他们眼中是一项迷人的事业。

老实说来，我是一个不折不扣的野心家，我从小就有着有朝一日成为富豪的梦想。于我，受雇于休伊特·塔特尔公司是一个锻炼我能力、让我能够一试身手的理想机会。公司在我们面前展现了一幅妙趣横生、广阔绚丽的商业世界的景象。通过它，我懂得了尊重数字和事实，我也看到了运输业的影响力，更培养了我作为商人应具备的能力和素质。这一切都在我之后的经商中发挥着巨大的作用。

因此，多年来我内心总会情不自禁地涌现出无尽的感激之情。我一生奋斗的开始来自于那段工作经历，它为我的奋斗打下基础，我永远都会感激那份最初的工作经历。

工作是相同的，不同的是我们对待工作的态度。态度决定了我们快乐与否。

倘若你赋予了工作某种意义，无论工作是怎样的，你都会觉得开心。自我设定的成绩无论高低都会让人从中获得乐趣。倘若你不喜欢做的话，无论事情如何简单也会变得困难而无趣。当你大声埋怨这份工作十分累人的时候，就算你不竭尽全力，你也会感到精疲力竭，反之则会大不相同。事情就是如此的。

　　如果你把工作当作是一种乐趣，那么人生就是天堂；反之，如果把工作当作一种义务，那么人生就是地狱。对于愉快的生活而言，勤奋的工作是不可或缺的。正是在我们看来无聊的工作为我们的生活提供着物质保障，也带来了生活的意义。所以，我们对工作不应该是厌烦的态度，而应该怀着一颗感恩的心工作。作为回报，工作也会让我们收获成功与快乐。

　　生活就像是一面镜子，你笑，它也笑；你哭，它也哭。你感恩生活，生活也会给予你灿烂的阳光；你不感恩并仅仅一味地抱怨，那么最终便可能会一无所有。

◎ 培养实中有巧的方法 ◎

方法一：学会"换个地方打井"

在遭遇困境的时候，要善于"换个地方打井"，换种思维方式就能将难题解决，换种方式就更容易脱颖而出。

我们常说，如果在一个地方打井但一直不出水，那么就不要继续了，而应该考虑换个地方再打。这句话的意思是，任何人、任何企业要想发展得更快，就必须学会开拓新领域。一个人善于"换个地方打井"，那么他创造发明的思路就会更广，在单位中就更容易脱颖而出，组织在竞争中更容易立于不败之地。

有一位某报社的科学编辑，工作很出色，但是人才济济的单位里却不能很好地展现自己最理想的光芒。在工作中，她发现，很多青年读者在工作和生活中遇到问题的时候却无处倾诉交流。于是，她提出了一条新创意：开通一条专门面对青年读者的心理热线。

这是一个全新的想法，但在很多的编辑和记者看来，自己的主要工作还是写作和发表新闻稿件，要花时间做这样的事情未必值得。但领导还是同意了。热线很快就开通了，并取得了意想不到的结果：在社会上取得了不错的反响，而电话也几乎被打爆。众多青年读者的心声也通过一条简单的电话线汇集起来，为这位编辑提供了很多写新闻的素材。再后来，根据实际需求，报社干脆开辟了一个新的版面——"青春热线"，每周四以整版的篇幅发表读者的心声。"青春热线"很快就成为该报最受欢迎的栏目之一，而这位编辑也因此获得了中国新闻界最高的编辑奖——韬奋奖。

这位编辑取得成功正是因为她在工作中拥有自主自发的精神。具有这种精神的人，也往往更能够创造别人无法企及的机遇和价值。而且，单从智慧层面来说，她懂得"换个地方打井"。

第一，换个地方打井（换种方式重来）与开拓思维。

"换个地方打井"是著名思维学家、创新思维之父德波·诺提出来的，是用来形容他所提出的平面思维法。为此，他还打了一个比方：在一个地方打井，如果总也不出水。按照纵向思考的人只会觉得自己不够努力，并且还会增加努力的程度。然而，采用平面思维法思考的人则会考虑可能是因为选择的地方不正确，或者根本就没水，或者必须挖得很深才会有，所以与其在这个地方努力，还不如另寻其他更容易出水的地方打井。

纵向思维大大限制了人的创造力，因为它习惯于让人放弃别的可能性；而平面思维则不断探索其他可能性，所以才更具创造力。

其实，很多优秀的人正是采用自己独特的方式来实现"换个地方打井"从而进行创造的。

第二，善于换种方法重来，就会有更好的解决问题的办法。

有时候，遇到问题就应该学会改换思路。思路一旦改变，我们面对原来的那些难以解决的问题就会变得豁然开朗。

美国纽约市有一座著名的植物园，每天都会有大批游客前来参观。但是，总会有游客会趁管理员不注意就将一些花卉偷走。后来，植物园来了一位新的管理员，他仅仅是将公园的告示牌做了些许改动就使偷花现象彻底消失了。

原来的告示牌上写着："凡是偷花木的人罚款 200 美元"。而后来换成了："凡举报偷花木的人得赏金 200 美元"。

该管理员解释道："原来的写法就只能靠我自己的两只眼睛来监督，现在却可能有几百双警惕的眼睛来帮我监督。"可见，换种思维方式就能轻易将难题解决。

第三，善于换种方式重来就更容易脱颖而出。

管理大师彼得斯曾经在麦肯锡顾问公司担任顾问。由于他是一个有着独特见解的人，以致在公司里曾属于非主流派的人物。后来，他改变了思路并决定由外及内建立自己的信誉。他的做法就是从外界获取第一手资料：对于一些员工不太愿意去外地，他就主动去了解情况，并会与相关人士接洽。这样一来，不仅能够获得新资讯，还拥有其他员工不具备的优势，从而在公司树立起自己良好的形象和信誉。

第四，善于换种方式重来的人，创造发明思路会更广。

按照通常观点，米糠除了当饲料，白菜萝卜除了吃以外可能不会有其他作用。但事实上用它们提取的维生素却可以用来改善生命质量，甚至挽救生命，而维生素最早也是从米糠中提取出来的。后来，科学家从新鲜的白菜、萝卜、柠檬中提取出其他的维生素。这就是思维发散和平面思维的结果。

　　生活中，这样的例子俯拾皆是。树皮、破布这些看起来毫无用处的东西，蔡伦却用它们来造纸，使得人类文明向前又迈进了一大步。每个人对浓烟和热空气都不会陌生，但蒙哥尔费兄弟却用它们来灌满气球并使热气球成功载人在天空中飞翔……人类正是凭借着不断挖掘事物性能的多样性，才能使历史不断地发展。

　　第五，善于换种方式重来能在竞争中立于不败之地。

　　佛勒是一位刷子大王，但当大家都在看到刷子有利可图而纷纷生产的时候，他却大胆地将目光从一般人身上转移到了军人身上。当时正处于世界大战期间，他精心设计了一款擦枪的刷子，并找到相关人士推销：这是一种特制擦枪的刷子，可以把枪擦得又快又好。相关人士接受了他的建议并和他的公司签订了3400万把刷子的合同。这种"换地方打井"的策略使他赚了一大笔钱，也令其他还在百姓市场里争夺消费者的人望尘莫及，从而更加巩固了他"刷子国王"的地位。

　　"换地方打井"的策略，在市场定位方面，更有着至关重要的作用。1968年，七喜汽水曾经提出"非可乐"的定位策略，并打破了美国几十年来可乐在饮料市场上一枝独秀的格局。七喜是一种碳酸饮料，而在它的一系列广告中都一再强调自己"非可乐"的性质，并将其灌输给消费者。清凉饮料有两种：一种是可乐，一种就是"非可乐"。如果喝腻了可乐，七喜可以成为你的另一种选择。"非可乐"定位的广告一经推出便受到了人们的喜爱，一年内，七喜的销量就仅次于可口可乐和百事可乐，位居第三。可见，在竞争中，"换个地方打井"，也即是换种方式重来的思维具有超强的现实意义。

方法二：大胆而理智地"尝试"

世上没有一举成功的事情，每个人都要在尝试中前进，在尝试中逐步接近目标。因此，要敢于"尝试"，这才是成功之道。

我们常常能看到，一个人的经验越是丰富就越谨慎；财富越多就越追求稳定。虽然你还是原来的你，但你会发现自己已经变得不是那么愿意承担风险，也不再那么争强好胜了。你可能会发现自己身上多了很多循规蹈矩、稳扎稳打、步步为营的倾向。但是，这对于成功者而言是很危险的。既要敢于"尝试"，又要尽量压低风险成本，这才是成功之道。

世界上并没有一举成功的事情，每个人都要在尝试中前进，在尝试中逐步接近目标并取得成功。因此，没有尝试便不会有成功。

当我们走夜路的时候，我们会发现虽然"看着黑"，但走下去却"未必如此"。往往在走到黑暗"近"处的时候，我们会发现原来并不太黑，甚至根本就是"亮"的。其实，在人生的事业、爱情、家庭、金钱和人际关系等方面也同样如此。坐在那里空想，越想越害怕；坐在那里呆看，越看越黑暗。如果我们能够尝试着前进并不畏艰难和黑暗地进行尝试，我们就会发现，其实并没有什么可怕的问题。

美国人就很推崇"尝试"精神。在他们看来，做事情不可能百分之百有把握，因此主张在稳重决策的同时，还必须有一点儿"尝试"精神。无疑，冒险能激发创新、拼搏精神，并能大大鼓舞士气。美国玫琳·凯化妆品公司的创始人玫琳·凯的奋斗故事恰恰可以给我们一些经验和启发。

玫琳·凯自述道："制造尝试气氛要从公司的最高领导做起。假设一家公司的总经理没有冒险精神，那么在这家公司里便很难看到冒险精神。这是一种自上而下的潜移默化，总经理如果放手让其他的经理去冒险，后者也同样会放手让自己的手下人员去冒险。这样，每一位经理在自己的职权范围内都是决策者。当两名经理之间的意见不合时，上级经理则会支持有能力做出决策的一方。当然，也会存在这样的时候：一位经理做出的决定最终被证伪。在鼓励经理们冒险的公司里，这样的情况是无法避免的。在玫琳·凯化妆品公司，流行着这样一句格言，它适用于公司的经理们：'失败是成功之母。'我认为，放手让人去冒险并允许其在冒险中犯错误，这一点非常重要。这一条正是促使他们取得进步并富有创新精神的最佳途径。

"我们首次举办玫琳·凯化妆品展销失败了，我曾经怀疑自己在公司里的新冒险。是的，我失败了，并几度为此忧心忡忡。但是待分析前因后果之后，我从失败中汲取了教训。我也曾千百次向公司的人讲述了这段往事。我要让他们明白，我首次举办化妆品展销时失败了，但我并没有因此而停止。我们的这次失败成就了以后的成功。我坚信生活就是一系列的尝试和失败，而我们只是偶尔获得成功罢了。重要的是不断去尝试，勇于冒险。

"我们对被拒绝采纳的不合理的建议十分谨慎，因为我们不仅知道人们对其建议十分谨慎，还对遭到拒绝也十分敏感。批评雇员提建议的公司最终只会挫伤雇员的自尊心，使他们从此不再提出任何建议。由于对这一点的认知，我们总是给提建议的人写信并表示感激。"

事实上，一个富有创新精神的新计划往往会让人兴奋不已，而试行后却有可能令人失望。一家公司如果鼓励革新就必须接受这样的事实：不一定每一个可接受的设想最终都会被接纳。例如，曾经有人向玫琳·凯公司提出过一个被称为"盒子里的生意"的建议，是一种帮助第一线人员记账和安排时间的系统。该系统开始的时候被采纳了，但在实施过程中却发现开支很大，而且第一线人员认为其太复杂便直接拒绝使用它。尽管这个建议没有获得最终的采纳，但提出该建议的人仍旧获得了感谢。因为公司必须保持他人向公司提出富有创新精神的想法的积极性。冒险精神会随着年龄的增大而减少，因此，趁现在身上还残存着不少的冒险精神，就应当发扬它、利用它。在当今世界，各行各业的技术发展都十分迅猛，对于企业而言，尤其是现代技术发展突飞猛进的企业，规避风险往往会带来致命的打击。

很多资历老的经理都会懂得鼓励别人创新和冒险，但是他们却很难意识到自己对风险已然变得不再那么乐于承受了。为了防止这种现象出现，随着管理职位的提升，我们应该有意识地、明确地倡导理智的尝试精神。或许，你现在的管理方式和以前相比已经增添了一些深谋远虑。但是，总体来说，你的管理行为可能还没有根本上的变化。值得注意的是，这些管理行为适用于处在管理生涯各个阶段的经理。

一生规避风险、害怕失败的经理不仅自欺，还欺骗了公司；非但自己不能发展进取，还剥夺了员工成功的机会，也使企业无法正常运转。

如果你尝试的频率高于一般的优秀经理，那么你的失败也会更多。当然，谁也不想经常失败。要明确哪些风险是该冒的，哪些是不应该的。而只了解事实是远远不够的，你还必须了解自己。在决定下注之前，一定要认真考虑自身的这个因素，包括自己在人生奋斗中所处的确切位置，以及这个位置对你思维产生的影响。但即使你知道自己可能会输，赌注也不能不下。一旦筹码落地，你就不能再想输了，要想着赢。

因为失败是每一个人必须经历的事情，是非常正常的事，所以如果你下注输了也不用过分灰心。尝试是必须要付出一定代价的，在决策时就应该把这种代价考虑进去了。

总之，成功之道在于不仅要敢于尝试，还必须尽量压低风险成本。

最后，我们想说的是：尝试是第一位。人生需要尝试，特别是在创业阶段，或者是处在系统生成阶段。一般来说，创业之初并不知道结果如何，在这个时期就必须要反复地尝试和挑战。当然，我们所说的尝试并非无谓的冒险和牺牲。

方法三：解决问题的根本是"翻转心态"

如果你希望解决工作中遇到的问题，就必须学会"翻转心态"。以积极的心态去面对问题，就能把"不可能"变为"可能"。

我们在现实生活中会遇到很多这样的人：他们虽然才华横溢，但却十分平庸并且没有很高的社会地位。仔细比较，我们不难发现，是他们的态度决定了现在的一切。他们一遇到难题就会想要逃避，一遇到挫折便会自怨自艾。那么，抱有这种心态的人，不会获得较大的成功也就不足为奇了。而那些职场上的平庸者们却不能明白这个道理，在陌生的事物面前就会脱口而出：

"这事根本做不到。"

"现在还不是解决这个问题的时机。"

"我还是不行，放弃吧。"

这些消极颓废的想法根本不能帮助解决问题，还会限制他们潜力的发挥。而问题一旦不解决，他们也就永远与成功无缘。

事实上，他们只需要改变态度，一切问题就都迎刃而解了。

我们依次来看以下三个故事。

故事一：

周六的早晨，一位牧师正在为讲道而伤透脑筋。他的太太出去买东西了，而外面正下着雨，小儿子强尼因无聊也变得焦躁不安起来。于是，牧师决定要找点事给强尼做，好使他平静下来。

牧师随手拿起一本旧杂志，随便翻看了一下，看到里边有一张色彩鲜艳的巨幅图画——那是一张地图。于是，他把这一页撕下来，随即撕成碎片并扔到了客厅地板上。牧师请求强尼过去并许诺他，如果他拼凑好了这幅图就给他一美元。

牧师原意是想让强尼至少能忙上半天，这样自己也可以安安静静地做自己的事情。可出乎意料的是，不到十分钟，书房的门便被人敲响了。小强尼拿着拼好的图画站在牧师面前，这使得他惊讶万分。他无论如何也想不到，强尼居然这么快就把它拼好了。每一张纸片都整齐地排在一起，整张地图的原貌获得了复原。

牧师询问强尼为什么这么快就能拼好了。

"啊，"强尼答道，"这很简单。因为这张地图背面就是一个人的图片。我先把一张纸放在下面，然后把人拼好。之后，又放上另一张纸，把拼好的图画翻过来就好了。我想，只要人物图片拼对了，那么地图也就拼对了。"

牧师欣然一笑，并给了强尼一美元。

故事二：

大学毕业后的罗宾如愿进入了当地一家报社当记者。某天，他的上司给他布置了一个大任务——采访大法官布兰代斯。

这是他第一次接到重要任务，但他的表情并不是欣喜若狂而是愁眉苦脸。他想：自己任职的报社并非当地一流报社，而自己也只不过是一个默默无闻的小记者，大法官布兰代斯肯定不可能接受自己的采访。

考虑再三，罗宾决定找个借口推辞掉这个任务。

上司亚诺德在听完他的理由之后，并没有批评他，而是拍拍他的肩膀说道："我很理解你现在的感受。让我打个比方，这就像是在一间阴暗的屋子里，想知道外面的阳光是如何的炽热。其实，最简单有效的方法就是积极面对，勇敢跨出第一步。"

亚诺德拿起桌上的电话就打给了大法官的秘书。电话里，他直截了当地说出了自己的请求："我是××报社的记者罗宾，我奉命采访法官，不知今天能否获得接见。"对方很快便做出答复，从亚诺德的答话中得知，约定好了明天中午1:15可以采访大法官。

罗宾似有所悟地点了点头。

故事三：

亨利和阿尔伯特是一所高等学府毕业的大学生。

两人毕业的时候，正值社会经济动荡，工作很难找。但几经周转，他们都各获得了一个清洁员的职位。对于两个名牌大学金融系的毕业生，做清洁工无疑是大材小用了。但亨利却认为在没有其他选择的情况下，与其接受社会救济金度日，还不如接受这份工作。于是，他次日便到公司去上班。阿尔伯特则对这份工作十分轻视，但是迫于生计也只能先"混"上几个月，等经济情况好转之后再做打算。于是，两个人抱着不同的态度进了公司。

不同的态度决定了两人在工作中不同的表现。阿尔伯特整天懒懒散散，只知道抱怨，很快就被公司辞退了。而亨利则认真地做起了一个清洁员，每天把办公走廊、车间、场地打扫得干干净净的。半年后，公司把他安排到了公司财务部处理一些杂事，他仍旧很漂亮地完成了工作。又过了一年，社会经济情况开始好转，公司的业务情况也得到了进一步提升，他被提拔成了财务部经理的助理并负责协助完成一些金融业务。再过了一年，公司的金融业务大增，于是决定成立新的金融部门，而此时科班出身的亨利便顺理成章地成了新部门的经理。新的领域使亨利的才华得以展示出来，而他很快就成了华尔街的红人，公司的金融业务也取得了长足发展。

而此时，阿尔伯特还是靠着社会救济金度日。尽管社会经济状况已经好转，而他却仍然找不到一个他看得起的工作。他也曾经尝试过去做一些所谓的"粗鄙、卑贱"的工作，但最终还是因为工作态度消极而被扫地出门。失败——找工作——失败不断地重复，他的一生也已经毁了。

就这样，两个人对待平凡工作的不同态度使得他们走出了两条完全相反的职业轨迹。

其中，故事一给人们的启示是：要学会翻转。如果你希望解决工作中遇到的问题，达成工作目标，你就必须具备"解决问题的思维智慧"。而这一智慧的根源就是翻转。强尼因为懂得翻转，使一项原本十分复杂的工作变得简单。有些时候，我们不仅要学会把纸翻过来，还必须要学会把心翻过来，以积极的心态去面对问题。当你把"不可能"翻转成为"不，可能"的时候，再大的难题也都会迎刃而解。

故事二告诉我们的是：很多时候，"消极思维"会把困难在思想中放大100倍；而当你拥有积极的心态时，就会发现那些问题与困难根本就不足为虑。其实，有的时候，优秀者与平庸者之间的差距仅仅就在于心态。已故纽约中央铁路公司的总裁佛里德利·威尔森在一次采访的时候，被问及如何才能取得事业上的成功，他回答道："一个优秀的人，无论是在挖土还是在经营大公司，他都会认为自己的工作是一项神圣的使命；无论工作条件有多么的艰苦，或者需要多么艰难的训练，都始终坚持积极负责的态度去进行。只要抱着这样的态度，谁都会成功，也一定能达到目的，实现目标。"

以积极心态去面对工作，主动地解决工作中的难题，消除任务过程中的障碍，这些都是每一位员工应尽的义务和应担的责任，也是其通往卓越的必经之路。无论你所从事的工作困难或是容易，你所承担的责任是大或者小，你都必须以积极负责的态度去面对，尽善尽美地做好它，成功便必然离你不远了。

而故事三则印证了那句话：态度决定一切。

方法四：处理好问题就是机遇

解决问题是员工的职责，而且棘手问题更是获得提升和认可的契机。以实干的态度和精神去克服问题，就会赢得机遇。

在面对企业的问题时，需要冷静慎重。作为一名与企业融为一体的员工，不能把所有的责任都推到企业身上，对自己的问题却视而不见。

经常会有很多人抱怨这样那样的问题，这里那里不合理，心烦气躁，工作状态也不佳。这个时候，我们需要静下心来，扪心自问：到底是企业的问题还是我们自己的问题？又或者，我们是不是常常把个人问题与公司问题混淆在一起，把公司的问题作为自身问题的掩护呢？

这些问题你或许从未意识到，譬如，有的人经常上班迟到就会抱怨公司打卡制度，觉得每天打卡既很不方便又不人性化，或者会觉得自己工作时间多数在晚上，白天就不想上班，并认为白天上班是一件很痛苦的事情。

其实，从中可以看出，很多情况下都是个人的问题而非公司的问题，只是我们常常会从自己的角度去思考问题罢了。以上下班打卡制度为例，对企业而言，就是对其员工正常出勤进行考察和监督的制度。

因此，在我们抱怨或者觉得不合理的时候，我们应该先检讨是否是自身的问题。如果是自己的问题，那么就尽快改正；如果确定并非自己的问题，那么就应当认真地从企业或者公司的利益出发，考虑如何把问题提出来并提供解决方案，进而与整个团队一起通过执行各自工作来解决问题。再或者，我们可以选择更适合自己的平台。

但有一点万望谨记在心，我们必须要严格区分企业问题和个人问题。

在我们排除个人问题的原因并确定是公司的问题的时候，我们应该做的并不是抱怨或者退出，而是积极想方设法解决问题，依靠自己的能力消除所有的障碍。从这个角度来说，恰恰是因为公司的问题的存在而使我们获得了成就自我的机会。

很多进入公司的人会发现公司各种各样的问题，但是却从未仔细思考过，如果自己解决了这些问题的话，那么问题就不再是问题，而你也不再是一名普通的员工了。

其实，我们之所以被企业聘用，正是因为企业觉得我们拥有解决问题的能力并能给企业带来利益。当我们看着问题存在而视而不见、得过且过时，那么我们对自己的工作就失去了正确的认知，也没有发挥自身的价值，更没有承担起工作的责任，这些都违背了当初企业聘用我们的初衷。

解决企业各种各样的问题是员工的职责，而且当问题的难度和重要性增加时，棘手问题也就成了一种获得提升和认可的契机。问题的解决并不能一蹴而就，需要我们以实干的态度和精神去面对它，然后消灭它。

曾听说过这样的事，一家饭店的老板一直很重视酒店里的蟑螂的治理，便对楼面经理说："一旦有来吃饭的顾客因为看到地面上有蟑螂而拒绝埋单的话，那么，我将会处罚你，你必须替顾客埋单。"而经理却并不以为然，反驳道："为什么要处罚我，全世界都拿蟑螂没办法，我又能怎么办？"

乍听之下，经理的反驳确实有几分道理，其实他的话是站不住脚的。无论是谁，只要做了经理就必须面对店里有蟑螂的这个问题。而店老板聘请经理虽然不是为了让其来管理蟑螂，但是店面卫生正是在其职责之下，包括治理蟑螂。没做好，当然要受罚。

而事实上，这位经理并没有看到治理蟑螂中蕴含的"机遇"。单就店面的宣传，就可以打出"无蟑螂餐厅"的口号，很是抢眼。这样做，推广效果显著，自然会受到老板赏识，发奖金、涨工资就应该是意料中的事了。

很多时候，机会并不是没有，只是它来的时候你没有好好抓住，于是它转了一圈又悄悄离开了。所以，实干的朋友们，请认真处理好问题吧！

方法五：别忽略脚下的宝藏

新人需要从最底层干起，从小事做起，逐渐增长能力并赢取干大事的机会。千万别好高骛远，忽略了脚下的宝藏。

无论从事什么职业，都必须先把自己的工作做好，从小事开始。众所周知，"不积跬步，无以至千里"是一句真理。我们必须从小事做起，一步一步向前进，向目标进发。

干大事的人都是从小事开始的。工作中每个人都有各自的分工，有的人会负责一些比较重要且令人瞩目的工作，那么也会有人负责一些常常会被人遗忘的琐事。为此，你可能会很容易就感到沮丧，而一旦沮丧起来就可能会忽略自己的职责。如此一来，你就会很容易出错，一出错就更容易消磨自信，疑惑自己这是怎么了，连这么容易的活都干不好。这样一来，便形成了恶性循环。一个心情沮丧、自信全无的人，根本就不可能做好自己的工作。

皮尔·卡丹曾经说过："真正的装饰在于你的内在美。越是不令人瞩目的地方就越是注意，这才是一个懂得装扮的人。因为只有美丽而贴身的内衣才能把你外表华丽的装扮更好地表现出来。"皮尔·卡丹的装扮理论用于工作中同样有效。越是不显眼之处就越要好好地表现，这才是成功的关键。

年轻时的洛克菲勒最初在石油公司工作的时候，既没有学历，也没有技术，于是被分配到了检查石油罐盖有没有自动焊接好的岗位。这是整个公司里最简单、枯燥的工作，同事戏称这是三岁小孩都能做的工作。但每天洛克菲勒都会看着焊接剂自动滴下，沿着罐盖转一圈，然后焊接好的罐盖被传送带移走。半个月后，忍无可忍的洛克菲勒找到了主管并申请调换工作，但被拒绝了。无计可施的洛克菲勒只能重新回到了焊接机旁，既然换不了工作，那么只好把现在的工作做好再说。

洛克菲勒开始认真观察罐盖的焊接质量，并仔细研究焊接剂滴落的速度和剂量。结果，他发现每焊接好一个罐盖就需要39滴焊接剂。而在经过精密计算后，实际上只需要38滴就可以把罐盖完全焊接好了。经过反复测试、实验，洛克菲勒最终把"38滴型"焊接机研制出来了。也就是说，使用这种焊接机焊接每个罐盖就可以节省一滴焊接剂。但就这一滴焊接剂，一年下来就能为公司节省约五亿美元的支出。年轻的洛克菲勒就此迈出了通往成功的第一步，最终成了世界石油大王。

实际上，越是不起眼的地方就越有可能埋藏着宝藏，而因为人们总是眺望着高处，最终往往忽略了脚下的宝藏。

新职员刚入职的时候，通常都要从公司最底层干起，志存高远的人可能会为此感到失望，这是非常错误的有百害而无一利的想法。公司并非慈善机构，既然给你支付薪金聘请你，那么你就应当在自己的岗位上对工作负责，绝不能消极怠工，否则将导致严重的后果。而且，每个人所承担的工作是别人所不能替代的，因此，你劳动成果的重要性则无须质疑。

伟大的事业都是由众多小事积聚而成的，忽略小事就难成就大事。从小事做起，逐渐增长能力并得到认可，赢取干大事的机会，日后也才能干成大事。而那些一心想成就大事业的人，如果还不改变"简单的工作不值得去做"的浮躁态度的话，是永远无法成就大事业的。

纽约希尔顿饭店是纽约非常有名的一家饭店，这里的客户服务部经理莉莎·格里贝当初来应聘饭店职员的时候，是被分到洗手间工作的。当时的她情绪很大，认为洗手间的工作低人一等。但在一段时间的工作实践后，她也开始意识到工作并无高低贵贱之分，酒店里的每一份工作都关系到酒店的服务质量和整体形象。于是，她认真工作，热情周到地服务顾客，使很多客人在接受她的服务后都赞不绝口。为此，她被誉为酒店的榜样。由于出色的工作表现，她为酒店赢来了很多顾客。不久后便被提拔成为酒店客户服务部经理，极大地拓展了事业平台。

一台机器的正常运作需要仰仗所有部件毫无故障地发挥其功用。而假如某一个齿轮或螺丝突然失灵，那么整台机器就会因此受损甚至停止。企业和员工的关系也正是如此：如果员工消极怠工，那么整个工作的进程和效益将会或大或小地受到影响，有时可能还会误了大事。

一个不务实的员工绝不可能会尊重自己的工作，也不可能把自己的工作做好。一个人即使没有超强的能力，但至少要拥有责任心，这样才能受人尊重。相反，即使能力天下无双，但没有一点基本的职业道德，那么一定会遭到社会的唾弃。

第六章 ／ 踏实肯干——实干者这样做事

踏实肯干是实干者的显著特点。对于工作，他们积极主动；
对于责任，他们勇于承担；对于技术，他们肯于钻研。另外，
实干者们往往会把自身发展与企业的命运结合在一起，荣辱与
共，一起双赢。就是这样，他们用扎实的付出提升了自己！

◎ 踏实肯干的表现 ◎

表现一：尽职尽责才能尽善尽美

做任何工作都要认真负责。首先要尽职尽责，其次要锲而不舍。坚持把
工作做得尽善尽美，不受重用是不可能的。

汤姆是一位刚进公司的年轻人，自认为自己业务能力很强，因此对待工
作十分随意。有一天，上司交给了他一项任务，就是为一家知名公司做一份
广告策划方案。

汤姆以为自己才华横溢，才用半天就把方案完成并交给了老板。

次日，老板把他叫到办公室去，并询问道："这是否是你做出的最好的方案？"汤姆只是惊讶却没敢回答。老板又把方案轻轻地推向了他，汤姆直接拿起方案就走了，什么也没说。

然后，汤姆调整了一下情绪，又花了两天把方案修改了一遍并再次交给老板。老板却还是那句话："这是你能做出的最好方案吗？"汤姆十分忐忑，没有信心给老板肯定的答案。于是，老板仍旧让他回去重新思考，再认真修改。

这一次，汤姆绞尽脑汁，苦心思考了一个星期并最终把方案交上去了。老板这次看着他的眼睛还是说那一句话："这是你能做出的最好方案吗？"汤姆自信满满地点头称是。最终，方案获得了老板的认可。

有了这次经历之后，汤姆终于明白了一个道理：只有尽职尽责才能做到尽善尽美。

一个人无论做什么样的工作都应该恪尽职守地完成它。在工作中，尽自己最大力量来求取不断地进步。

在工作中无法做到尽职尽责的人，往往在人格上也会存在相同的特质。他不会培养自己的品格，也不可能拥有坚强的意志，自然就不能达到自己追求的目标。假如一方面想要敷衍了事，而另一方面却想炫耀一番，那么结果就必然是失败。

职场就是这样，有些人本身就具有出色的能力，只是因为不具有恪尽职守的工作精神才会在工作中纰漏百出。最终，这样的人就一直与平庸为伴。然而，另外的一些人却不这样，他们刚开始工作的时候表现并不会很出色，但是他们一心一意、尽职尽责地钻到工作中去，想尽一切办法把工作做得尽善尽美。结果，在事业上取得了不小的成就。

每个人都拥有出乎自己预料的潜质，但抱着万事"差不多就行"的思想只能辜负了自己的潜质。只有以"完美主义"的态度投入工作才能把自己潜在的能力最大限度地发挥出来。

　　工作除了尽忠职守，还应该学会锲而不舍。

　　丘吉尔在剑桥大学的一次毕业典礼上做了他一生中最精彩也是最后的一次演讲。整个会场有上万名学生正在等待着丘吉尔的出现。这时，丘吉尔在随从的陪同下走进了会场并慢慢地走向讲台。他脱下大衣交给随从，然后又摘下了帽子并默默地注视着在场的听众。一分钟后，丘吉尔说了一句话："锲而不舍。"说完后，又穿上大衣，戴上帽子离开了会场，留下安静的听众们。一分钟后，掌声雷动。

　　"锲而不舍"有两个原则：第一个原则是"锲而不舍"！第二个原则是当你想放弃时回头看看第一个原则。

　　现实的工作中，往往会有很多员工过早对失败结果下结论，当遇到一点点挫折的时候就会怀疑自己的工作，甚至半途而废。这样的话，前面所做的努力就白费了。只有经历风雨的人才能取得最后的胜利。因此，不到最后一刻绝不轻言放弃，永远相信：成功者不放弃，放弃者不成功。

　　当然，永不放弃并不意味着撞上南墙不回头。在不放弃、不灰心，保持旺盛斗志的同时，我们还需要学会调整前进的目标，时时刻刻思考并更新自己的目标。上述这一点也是十分重要的。

　　时时刻刻回顾自己的目标列表，如果认定某个目标应该调整，或者可以用更优的目标代替它的时候，就要及时修正。当你达到了自己所立目标的时候，不妨用自己喜欢的任何一种方式来庆祝一下，用以纪念那特殊的一刻并重新燃起理想的火焰，但不应就此止步。很多人在达到一个目标之后，就会松懈下来。正因为如此，很多今年公司的业绩冠军转瞬间就变成了明日黄花。

因此，我们做任何工作都要认真负责，对自己要求严格。首先是尽忠职守，其次是锲而不舍。

成功者与失败者之间并不存在多大的差别，只不过是因为成功者走了100步，而失败者少走了一步罢了。失败者跌倒的次数仅比成功者多一次，而成功者站起来的次数却比失败者多一次。

表现二：指责他人不如承担责任

一味指责他人，实质上是不想承担责任。而不想承担责任的人，自然无法执行。所以，我们应承担责任而不是指责他人。

约翰和戴维是一家快递公司的职员，而且还是搭档。两人工作一直都很卖力。一次，两人负责把一件大型包裹送到码头，快递的是一件很贵重的古董，因此上司再三叮嘱一定要小心。

快到码头的时候，车突然坏了。戴维抱怨约翰道："出门之前你为什么不检查一下车？要是不能及时送到我们的奖金会被扣掉的，这可怎么办呢？"

约翰说："这儿离码头不远，我来背吧。等车修好了，船也走了。"

于是，戴维帮助约翰背起包裹，约翰一路小跑及时赶到了码头。当他让戴维把包裹接住的时候，戴维因为在看一只飞翔的海鸥，分散了注意力而没接住。包裹掉在地上，古董摔碎了。

两人一时愣住了，因为他们都明白古董碎了就意味着他们不仅要赔偿损失，还有可能丢工作。

戴维埋怨道："你怎么搞的，我还没接你就放手了？"

约翰辩解道："我已经让你接住了呀。"

回到公司，老板因此严厉批评了两个人。后来，戴维趁约翰不注意，悄悄溜进老板办公室告诉老板，都是因为约翰的过错才会这样的。在他还没有

174

准备好的时候约翰就松手了，而且还不提前通知他。老板平静地对戴维把这件事告诉自己表示感谢，并说自己知道了。

戴维离开后，老板又把约翰叫到办公室并向他询问了事情的经过。约翰把事情的原委说了一遍，并在最后说道："这件事虽然是我们两人的失职，但是我愿意为此承担责任。"

约翰和戴维提心吊胆地等待着事情的处理结果，但结果出来后，却让两人都大吃一惊。

老板把两人都叫到办公室并对两人说："虽然公司一直很器重你们并想从你们之中选一位当公司的客服部经理，但没想到出了这件事，让我们看清楚了你们两人到底哪一个才是最佳人选。我们决定聘请约翰作为客服部经理，而戴维明天可以不用来上班了。还有，戴维需要赔偿客户大部分损失。"

戴维惊讶地问老板为什么，而老板则回答，其实两人接包裹的过程被古董的主人看见了，并将事情真相告知了经理。但更重要的是因为两人之前在办公室的态度。

一味指责别人，实质上就是不想承担责任。而其会产生严重的后果，就会扰乱执行的正常进行。执行过程中遇到问题，每个人只有敢于承担责任并快速解决问题，这样才不会使执行中断，也才不会造成损失。相反，如果大家相互指责，只顾着处心积虑推卸责任，把问题推到一边，那么一项计划就将在叽叽喳喳的指责声中失败。没有一个老板可以忍受这种行为。

现代公司内部分工明确且相互之间高度合作，一项计划一般需要很多人参与执行，即使一个人单独负责一个项目也离不开别人的协作。但有的人在工作出现失误后，为了推脱责任而去指责他人，这显然是一种不负责任的表现，是可耻的，也最应受谴责。

指责别人无非就是想找一个替罪羔羊，即使不能完全推卸也会让别人一起遭殃。这是那些指责别人的人的初衷，所以他们常常通过指责他人来转移老板和周围人的视线，混淆视听。但是，能否达到最初目的就另当别论了。其实，聪明的老板一般不会被这种假象所迷惑，他们会调查清楚并且做出公正的裁判。

并且，为推卸责任而指责他人还会影响团队的团结。金无足赤，人无完人，这世上没有不会犯错的人。在工作中出错，只要敢于承担责任并及时改正，老板一般都会原谅的。如果你妄图通过指责别人而推脱责任，那么你将会引起同事们的不满和愤懑，甚至还会传染给别人指责他人的习惯。这样会使得本来融洽的同事关系变得尴尬，而拥有凝聚力的团队则会变成一盘散沙。

即使全都是同事的过错而你并没有责任，也不能为了表现自己而指责他人，相反，你应当向同事伸出援助之手并用合适的语气提出建议，或者直接帮助同事解决问题，这样有利于计划的执行，同时还表现了你的责任心。而一旦你有了不可推卸的责任，即使只不过很小的一部分，但当别人对你指责的时候，也不应该反过来去指责别人，而是应该承担责任。

显然，面对指责勇于承担责任是处理危机、解决问题的有效途径。而现在的公司里正是缺少对工作高度负责的人，另外，这样的员工更容易受到老板赏识。那么，你还有什么理由不能停止指责他人呢？

总而言之，无论你是否该承担责任都不能去指责他人。

表现三：实干的最好表现是"精通"

实干要想取得成果，离不开相应的专业技能。而要想提高专业技能，最需要做到的就是"精通"。

一个工作组织，不仅要求其领导求真务实，还要求其每一位员工都求真务实。那么，什么样才能算是务实型员工呢？可以这样说：如果你能制好一枚别针，那么千万不要去制造粗制滥造的蒸汽机。全心全意、尽职尽责去做好你擅长的事业正是敬业精神的基础。

一个人无论从事何种职业都应该尽职尽责、竭尽全力地求取最大进步，这是一个重要的工作原则，也是一个重要的人生原则。如果缺少了职责和理想，生命也就会变得毫无色彩。无论身居何地（即使生在贫穷困苦的环境中），只要全心全意投入工作，最终都能得到自由。如果我们看到某人在某一特定领域里坚持不懈地奋斗，那么我们可以肯定的一点是，他一定会在人生中取得成就。

对很多事都只懂皮毛，不如专心于一件事。一位总统在得克萨斯一所学校做演讲的时候，对学生们说道："你们需要知道怎样把一件事情做好，这比其他的事情还要重要。与其他有能力做成这件事的人相比，如果你能把这件事情做得更好，那么你将永远不会失业。"

一个不成功的职员问："为什么明明自己比他人更有实力，但成就却远

远落后于别人?"但他忘记问自己:

是否真的正在前进?

是否仔细研究过职业领域的各个细节问题,就像画家研究画布一样?

是否为了增加知识量或者是给老板创造更多的价值,认真研读过专业方面的书籍?

是否在自己的工作领域做到尽职尽责?

缺乏敬业精神的行为层出不穷。那些对技术并不熟悉的泥瓦匠和木匠,把砖石和木料混合拼凑在一起建筑房屋,其中一些还未售出就已经在暴风雨中崩塌了;而学艺不精的医科学生不愿意花更多时间学好医术,在给病人做手术的过程中却笨手笨脚的,让病人时刻濒临生命危险;律师在念书时不注意培养能力,办起案子捉襟见肘,只能让当事人浪费金钱和时间……

无论从事任何职业都必须要术业有专攻,下定决心掌握职业技能,并使自己比别人更精通。如果想赢得良好的名声,拥有潜在的成功秘诀,那么就要把自己打造成为一个精通自己领域内全部业务的行家里手。

一位伟人曾经在谈论个人努力与成功之间的关系时,他说道:"我曾在一段时间内只专心致志做一件事情,但我会彻底做好它。"

现在,我们最需要做到的是"精通"二字。大自然需要经历千百年的进化,才能长出一朵艳丽的花朵和一颗饱满的果实。然而,如今的年轻人随便读一本法律书就想处理一桩棘手的案件;或者是听过两三堂医学课就急于去做外科手术。一旦你对自己的工作没有做好充分准备,你就没有理由因自己的失败而责怪他人和社会。

常常会有一些人认为小事情不值得认真对待。在学生时代养成的半途而废、心不在焉、懒懒散散的坏习惯,然后采用一些小手段瞒骗老师,蒙混过关。然而，步入社会之后，去银行办事总是迟到的话，银行会拒付票据；与人约会总是拖延的话，会让人十分失望。一些人从不会认真整理自己的论文和书信，所有的文稿、信件都胡乱散放在书桌上。等到需要办事的时候，就会缺乏条理，完全无序，思维也欠缺周密。结果，自己丧失了最基本的立场、原则和姿态，也失去了他人对自己的信赖。

显然，最终等在前方的必然是失败，家人和同事也会为此失望非常。如果这种人成了领导，那么也会把这种恶习传染给下属——上司并不是一位精益求精、思维缜密的人时，往往会起到"带头羊"的作用，周围的人也会效仿起来。这样一来，一个人的缺点和弱势就会渗透到整个事业中去，也会影响其事业的发展。

甚至，我们可以断定一个做事无法善始善终的人，他的心灵也会缺少相应的特质。他不会培养自己的个性，无法坚定自身的信念，更加无法达到所追求的目标。一面想可以贪图享乐，一面又想潜心修道、左右逢源的人，是必然会两头落空、一无所获，而最终后悔不迭的。因此，只有一心一意、尽职尽责才是我们事业取得成功的最佳途径。

表现四：与企业合作共赢

如果你不能为企业创造价值，那么，企业就没有你的发展空间；如果你辛勤工作并且有成果，那么，企业自然会为你提供相应的报酬和发展空间，这就是双赢。

当我们的想法与企业的有所出入时，我们是选择与企业格格不入还是休戚与共呢？另外，我们又该如何保证自己一直是企业不可缺少的命运共同体呢？

在华为，有两位天才级的人物形成了其早期技术上的优势。李一男年轻，知识结构新；郑宝用经验丰富，曾一度负责华为的研发工作。当然，郑宝用把产品研发的接力棒交给了李一男，并从一线撤下来，负责宏观的战略制定。郑宝用因为曾经负责过产品研发，对他而言"操心"成了一种习惯，也是一种责任，何况从过去的工作惯性中停下来也是需要时间调整的。因此，郑宝用偶尔的"指手画脚"使李一男有些不悦，之后两人之间的矛盾逐渐加深……

因为企业只能做出理性的决策，最终，郑宝用的产品战略规划被撤销。

为此，很多人都为郑宝用担心不已。

这背后隐含了很大的"委屈"。但是，郑宝用并没有因此而消沉并离开公司。相反，在真正"晓之以理"后，郑宝用的心情逐渐平复了下来，开始自觉调整心态。后来，郑宝用转岗负责公司宏观产权和资本运作，这对其而言可谓是完全未知领域。但正因为鲜有人做过，因此做好就显得尤为重要。

郑宝用率手下铆足干劲，在实践中学习。这之后，在华为电器与爱默生合作的时候大获成功。通过一系列大规模的资本运作，以郑宝用为首的一批华为人迅速成长为资本运作专家，华为也因此积累了丰富的基本运作经验。这些为今后企业进一步发展开了头，奠定了基础。华为人经过资本市场的历练之后，对其的认知和理解令很多国外同行专家都大为惊讶："从前接触的华为人对资本运作都十分陌生，唯独郑先生确实是一位专家。"

曾经有过怨气也好，有过恼气也罢，当一切释然后，是非对错已经不再需要纠缠了。郑宝用的放弃私人利益，对企业决策的理解和忠诚，是很多员工所不能做到的。也正因为他做到了这一点，他才能成为资本市场这一新兴领域的专家，既开拓了眼界，还成就了企业的新发展。

对企业、员工而言，只能向前看，发展才是硬道理。所以，当我们斤斤计较时，我们便把自己引入了矛盾的旋涡；而当我们积极行动时，我们就有了工作的激情，也才真正与企业休戚相关、荣辱与共。

其实，没有人会在职场上一帆风顺，而恰恰看似不顺利的时候，如果我们能成功解决问题则将使我们会在不知不觉中得到成长。

而且，越是重大的问题就越是我们获得磨炼和成长的绝佳时机，这也符合了企业的用人观。很多企业是否重用一个人，最主要的考虑因素正是这个人是否曾经历过重大挫折并从中学习改进自己。很多企业会有意识地磨炼员工，甚至会有"七上八下"的干部考核制度。只有经受住最终考验的人才可能受到提拔和重用，也才有机会参与企业的决策并承担重大的责任。

结成命运共同体是企业也是员工的最终目标，也是最高目标。一旦达到这个目标，那么员工与企业都会像鱼和水一般，相互离不开对方。企业的成长要依靠员工的成长来实现；员工的成长也要依托企业这个平台。企业兴，则员工兴；企业衰，则员工亦衰。格兰仕、华为是这样，微软、IBM 也是这样，沃尔玛同样是这样，所有的企业都是这样的。

表现五：把任务完成在今天

把工作在今日完成，这是保持竞争力的秘诀。一个总是能及时或提前完成工作的员工，具有不可估量的价值。

古诗名句"明日复明日，明日何其多"是多数人所熟稔的，但我们的生活中却对这句至理名言置若罔闻。面对未完成的任务时，人们时常会说：明天再说吧！这是给自己找借口，是一个特别不好的习惯。拖来拖去，等事情堆积成山，不得不做了，又都会赶在一天完成，无法保证质量。

"一寸光阴一寸金，寸金难买寸光阴"。逝去的岁月不能重来，但却会在你的脸上留下痕迹。这些都在向我们诉说着，时间的宝贵。无论贫富，人总是无法让时间宽限哪怕一分钟。时间也绝不会停下来等谁，更是无法回流。因此，你应当做到：不要去怀念已知的过去；也不要去憧憬未知的将来；我们现在最重要的是把握现在，因为它正在点点滴滴地流逝。你需要把握住现在，充分利用现有的时间，不浪费一分一秒。

在时间问题上，成功人士都有一个共同点——把握时间，疯狂地拼命工作。他们有热忱的精神和充沛的体力，他们可以从清晨工作到深夜。在他们看来，一天的事情不做完就绝不休息。

但是，他们也很重视工作的效率，在与客户面谈之前，都会做好调查工作。他们总在拟好最佳会议方案之后为客户提供最需要的信息。所以，正式面谈开始的时候，他们就会催促对方开门见山地讨论事情。可见，他们十分珍视双方的时间。

中国一位顶尖的保险行销员为了实现他第一的梦想，一直以来全力以赴地工作。我们可以看一下他一天的行程。从早上5点开始，便已经开始了一天的活动：6点半往客户家打电话确认访问时间；7点吃早餐，同时与妻子商谈工作；8点到公司上班；9点出去行销；18点下班回家；20点开始读书并自我反省，安排新方案；23点准备休息。这就是他一天的生活，从早到晚一刻也不闲着，都是在工作。

我们每天都有当天的任务。今天的任务是新鲜的，并且与昨天的任务有所不同，而明天还有明天的任务。所以古人才会说"今日事，今日毕"。应该在今天必须做完的事绝不能留到明天完成。相反，今天搁置不做留待明天来做的，就是拖延。实际上，在拖延过程中所消耗的时间、精力早就足够把事情做好了。

拖延不但是阻碍人进步的恶习，更是事业成功的敌人。工作太无聊、太辛苦，工作环境不佳，老板计划不合理，等等，都可以成为喜欢拖延的人的借口。其实，这些都是可以克服的。不管采用什么手段，鞭策也好，奖励也好，一定要养成今日的事情今日完成的良好习惯。

在所有老板心目中，最理想的也是"今日事，今日毕"。所以，作为一名独立的员工，任何时候都不要自作聪明，妄想工作会像你的计划一样向后拖延。其实，每一位成功的人都会将工作期限谨记在心，并能在期限内出色完成工作。

把工作在今日完成，这是保持恒久竞争力不可缺少的要素，也是唯一不会过时的品质。一个总是能及时或提前完成工作的员工，无论什么年代都能让老板为其所具有的不可估量的价值所折服。

◎ 培养踏实肯干精神的方法 ◎

方法一：捕捉机遇需要"眼高手低"

　　职场中，我们需要这样的"眼高手低"，即眼界高远，心怀大志却脚踏实地，肯于从小事做起。只有这样做了，我们才能向成功迈进。

　　这个社会中，最缺的其实不是有才能的人，而是务实、踏实、做事严谨、不眼高手低的人。与过去只知道顺从、唯唯诺诺的人身依附式有着本质的区别，这些其实是一种"不卑不亢的平等契约的严格遵守"，包含了"从小事着手"的智慧、勇气和人生态度。

　　务实，首先是要正确认识自己，认识到自身的人生价值。然后，脚踏实地地从自己能力所及的事情着手。一个人如何才能认识自己呢？答案绝不是思考，是实践。尽力去做自己的工作，这样才能证明自己的价值。

　　小猴喜欢读书，喜欢学习，因为老师告诉它多读书会很有用。但是，它一直疑惑着，究竟能做什么，自己做什么才能算是有用。

　　于是，小猴就去问它妈妈，自己到底能做什么。猴妈妈却反问，小猴想做什么？小猴回答说，这也正是它一直在思考的。于是，猴妈妈就让它好好再想想这个问题。

想了整整一天，但是小猴还是一无所获。小黄牛可以耕田，奶牛可以产奶，可是自己到底能做什么呢？第二天，小猴还是不能想出自己究竟能做什么，很是着急，猴妈妈便建议它四处走走。

于是，小猴走出了家门。当经过松鼠家门口的时候，松鼠家的房门坏了并请求小猴帮忙给它弄一下。可是，小猴却回答，自己很忙，正在思考一个重要的问题。

不久，小猴经过了大白兔家的门口，大白兔希望小猴给小白兔上课。可是小猴还是回答自己很忙，把补课的事情推掉了。在森林待了一天，小猴最终还是没能想出自己能做什么。

第三天，小猴更加着急了，不知道自己该怎么办。于是，小猴决定去请教智慧老人。当小猴把自己的困惑告诉智慧老人之后，老人就让小猴先把树上的香蕉摘给他之后，才会告诉它。小猴非常高兴，轻而易举地把香蕉摘下来交给老人。

智慧老人笑着对小猴说："现在你终于知道自己能做什么了吧，你能摘香蕉。"智慧老人又继续说道："你还可以做很多其他的事情，譬如给松鼠修门，给小白兔补课，虽然你放弃了尝试的机会。如果你还是不知道自己能做什么，那么就要多尝试一下，不可以一直只是想而不去做。"

很多人渴望发现自身的价值，渴望获得成功，但是却总是陷于思考。如果一直这样，而不是从身边的小事入手，这样就会失去很多自我展示的机会以及走向成功的契机。

如果你问如今的学生，工作是否好找，相当的一部分会告诉你不好找。而当你问企业的经理们，人才是不是很容易获得，同样也会有相当一部分会说很难找到合适的人才。各种原因，绝非"信息不对称"所能解释得了的。

我们以前强调的是干一行爱一行，强调奉献精神，要求人像一颗螺丝钉一样朝最需要的地方钻。这样做的结果，就是压抑了很多人个性、才能的发挥和人生价值、个人权益的实现。也许是因为被压抑太久，所以反弹得更厉害，现在的人们又走向了另外一个极端：过于强调自身价值，过分索取，同时却忽视了身上的责任和义务。一些初出茅庐的大学生，实际经验和业绩并没有多少，但却在待遇等方面有着很高的要求，认为自己受了委屈。他们总是抱怨没有遇到伯乐，而自己这匹千里马不能一展所长。

"眼高手低"是当今很多毕业生共同的缺点。毕竟初入社会，有一种初生牛犊不怕虎的气势，简单地认为本领在手，天下尽归我有。不过，当他们真正做起事来，却会因为心浮气躁而不知轻重，小事不愿意做，大事又做不了。但如果他们虚心向学，过不了几年就可以担当大任了。不过，很多人眼界却常常太高，拿不起又放不下，悬在空中。现在很多工作都要求有工作经验，其实这里所谓的"工作经验"更多的是一种态度，一种被社会现实打磨出来的直面现实的态度。你现在所能做到的也许就是像小猴一样，能摘香蕉，给松鼠修门，给小白兔补课，但是，你却只是在四处张望而忘记了身边这些力所能及的小事。长此以往，你将无法实现自身的价值。

人生无小事，实际上，每做一件事都是对自己素养、品行、学识的一次修炼。因此，千万不能因为一件事小或者低微而去歧视它，从而放弃了自己获得一次修炼的机会，也失去一次提高自身的可能。

曾担任美国国务卿的鲍威尔在其任参谋长联席会议主席的时候，曾写下传记。传记里说，他刚开始的第一份工作是进一家大公司当清洁工，只是因为他是牙买加移民。在这种公司里，他只有一个工作可以做，那就是清洁工。但是他做每一件事都很认真，于是，很快，他就找到了一种拖地的姿势，这样能把地板拖得又快又好，人还不容易累。这被老板看见了，并且观察了一段时间后看出这个人很有潜力，是个人才。然后，老板很快就破例提升他。这就是鲍威尔人生的第一份经验，要认真做好每一件事。

有人认为，主动去做打扫卫生、整理办公室、打开水等琐事是一名大学毕业生走上工作岗位的第一课，也是一门必修课，这是不无道理的，往往就是这种看似不起眼的日常小事才能给人留下更深的印象。当然，领导之所以不放手给你去做大事，就是因为他还不能确定你是否具备相应的实力。有时候，一些精明的主管在选拔一个人之前会采用几件小事来考验他的工作作风、办事能力以及是否有眼光。这是一个从量变到质变的过程，切不可操之过急。

古人云"一屋不扫，何以扫天下"，又云"于细微处见精神"；同样地，现代人说"态度决定一切"。一件小事都不愿做、做不好的人，他能成就多大的事业就可想而知了。更何况，很多的"大事"不都是由一系列的琐碎小事组成的吗？

年轻人容易好高骛远，不擅长做日常工作中的小事。而其实领导考察你的，就是从小事开始的。所以，无论领导交代给你的事情有多么的细碎，或者根本不在你的职责之内，你都要及时、充满热情地完成。即使领导不再追问也不能不了了之，一定要对这件事情有所交代。只有通过做小事逐渐受到老板信任和肯定才会更有做"大事"的可能。我们现在需要的是另一种"眼高手低"，也即是眼界高远，心怀大志却脚踏实地，从小事开始。只有这样做了，我们才能迈开脚步向成功前进。

我们之所以要从小事做起。认真做好每一件小事，原因其实很简单，那就是：机会总是突然地不知不觉中来到你身旁，而你甚至于一辈子都不会知道哪个是机遇而哪个不是。

方法二：拒绝"拖、懒、呆"，让执行更快

接受了一份工作，就应立即行动，立即行动会使人格获得提升，使能力得以发挥。100 次的胡思乱想都抵不上一次行动。

如果我们认准一份工作，那么我们就应该立即行动，因为世界上有 93% 的人会因为懒惰而变得一事无成。每一天都有各自的理想和决断，今日事今日了，100 次的胡思乱想都抵不上一次行动。

有一位心理学家一直在寻找成功人士的精神世界，他发现人身上有两种本质的力量：一种是严谨而缜密的逻辑思维引导下的艰苦工作；另一种则是在突发、热烈的灵感激励下即刻采取行动。

当可能会改变命运的灵感在俗世生活中爆发的时候，如果还要等到"万事俱备"才去做的话，绝大多数情况下，灵感会被浪费掉。在此之后，人们又会回到原本的生活常态：什么时候该做什么事就照常进行。但他们并没有意识到，内心的冲动正是人类潜意识影响客观世界的直接方式。

世界上永远不会存在绝对完美的事，而"万事俱备"只不过是"永远不可能达到"的代指。一旦拖延，一味去满足"万事俱备"这一条件的话，不但会事倍功半，还可能使灵感本身失去了应有的乐趣。用缜密的思考来掩饰不作为，这样甚至比一时冲动行事还要糟糕。

试图等到"万事俱备"之后再行动，那么你的工作永远不能开始。往往

在事情来临之前，人们总是必须要先有积极的想法，然后头脑中浮现出"我应该先……"的想法。这样一来，人们的一条腿已经踏入了"万事俱备"的泥沼。一旦陷入，你将犹豫不决，不知所措，无法决定什么时候开始行动，而时间也会逐渐被浪费掉。而最后，人已陷入了失望的情绪中，只有以懊恼来面对悬而未决的工作了。

威廉·詹姆斯说过："灵感的每一次闪现和启示都让它像气体一样毫无痕迹地溜掉，会比丧失机会还要糟糕，因为它在无形中阻碍了激情的正常喷发。如此一来，人类将不能聚集一股坚定而快速应变的力量对付生活中的变化。"

沃尔特·皮特金还在好莱坞的时候，一天，一位年轻的粉丝向他提出了一项大胆的建设性意见——投资 1000 万美元拍一部电影。在场所有人都被吸引了过来，这显然值得考虑。接下来要讨论一番，最后决定如何去做。但是，当其他人正在思考方案时，皮特金突然给华尔街拍电报，电文把这个方案详尽地陈述出来。当然，这么长的电报价格不菲，但它表达了皮特金的信心。

出乎意料的是，1000 万美元的电影投资因为这个电报就被拍板决定了。假如他们再拖延的话，这个方案极有可能就在他们过分小心的攀谈中被取消掉，至少也会失去它本身的光泽。但是，皮特金立马付诸了行动。终其一生，他培养灵感并信任它，将它作为最值得信赖的心理顾问。

很多人羡慕他做事的简明直接。但他之所以能这么做，正是因为他长期以来养成了"立即行动"的习惯。无论从事何种职业，一旦接受某项工作的时候就应该抓住工作性质并当机立断、立即执行。凡事必须行动在先，因为一旦进入工作状态之后就很难再有时间去想其他的事情了。这就像是被逼上梁山，背水一战，现在只剩下一条路走到底，也更加容易成功。

一旦你进入工作的主题后，常常会惊讶地发现，与其浪费时间和潜力在等待"万事俱备"上，还不如用来处理手头的工作，往往还绰绰有余。而且，很多事情一旦你开始着手去做就会发现其中的快乐和趣味，更是加大了成功的概率。另一方面，其实最消磨意志、摧毁创造力的事情莫过于拥有梦想而迟迟不行动。

年轻人最容易染上最可怕的习惯，那就是明明事情已经考虑过、计划好，甚至于已经确定了。但是，仍然表现出一副畏惧不前、瞻前顾后、不敢采取行动的姿态。对自己越是没有信心就越不敢决断，最终陷入失败的境地。

现代成功人士的做事理念就是现在去做，亲自去做。任何规划、蓝图都不能保证你的成功，而很多企业之所以取得成功并非是计划出来的，而是在行动中踏踏实实地前进并多次调整和实践的结果。因为任何规划都不是完美的，与实际总会有距离的。当然，规划可以在行动中改变，但必须要马上去做。根据自身的目标立即行动，而没有行动的计划，再好也是白费。

在开始的时候，你或许会觉得做到"立即行动"很不容易，因为事情难免会发生失误。

但是，你最终会发现，"立即行动"的工作态度会成为你个人价值的一部分。而在你养成"立即行动"的工作习惯时，你就掌握了个人进取的秘诀。下定决心永远以积极心态做事便意味着你向成功目标迈进了一步。如果你只是犯下了一个错误，这个世界会原谅你，但是如果你未做任何决定，你将不被世界原谅。

立即采取行动还会让自己的人格获得提升，使个性得以发展。但最重要的还是，你做的正是你想做的事。如果缺乏勇气、忍耐力、魄力和决断能力，那么就要努力培养这些能力。还应相信的是，上天赋予了你一种天赋，让你能够完成自我进化。如果你已经做了一个决定，那么现在开始立即行动吧！方法是写下开始的几个要素：你这么做的原因；哪几件事可以立马进行，并且这样对之后调整决策有益；你有什么新颖的想法；你打算把事情分为几个部分执行；有谁可以帮助你……你可以将这些列成一张表，然后对其默念，你要立即去执行它们。

方法三：勇于同公司结成命运共同体

勇于同公司结成命运共同体，不仅能改变自己的命运，还能改变公司的命运，最终取得双赢的结果。

企业单靠一两个人就能生存发展起来的英雄时代早已不复存在，未来企业之间的竞争力将来自于企业团体的整体实力。现在的企业越来越想通过自身文化的力量去改变员工，从而使自身获得改变，这就是形成企业凝聚力的主要途径。所以，在愿意接受改变的同时，我们也就默认了与企业兴衰绑在一起的命运。

时势造英雄。如果我们能够敢于把握住成为企业命运共同体的机会，那么，我们一生的命运也会由此改变。

在面对这样的机会的时候，有的人可能会选择得过且过，并认为在遇到困难或者是自认为与自己无关的小事的时候就可以拒绝配合。其实，作为企业内部不可分割的一部分，我们在为这家企业工作的时候就应该敢于成为企业的命运共同体。抓住机会，你在这家企业里将会收获更多。

在山东荣成，流传着这样一句话："要想死得快，荣成晒海带。"海产品从养殖到深加工，其中工序最复杂的还是人工晾晒工作。在过去，很多荣成人不仅要从事这种最繁重的体力劳动，还要遭受包工头的欺凌盘剥，可以说命运全掌握在别人手上。"一朝被蛇咬，十年怕井绳"，这种境况对今日的荣成人的影响还是难以完全消除，以至于企业去直接聘用他们时，也很难建立起彼此的信任关系。这些企业的招工也遭遇了前所未有的"寒冬"。

对于企业而言，员工决定了其命运，而只有员工的命运得以改变也才能改变企业的命运。

然而，獐子岛渔业集团却改变了这一现状，使员工和企业的命运紧密地联系到了一起。为此，獐子岛集团可谓是动了一番心思，董事长吴厚刚甚至于把原属于自己的股份奖励给了那些能为企业尽责工作的员工。同时，吴厚刚还非常看重企业文化对企业和员工的重要影响。因此，在荣成成为名牌企业之后，吴厚刚也开始大力支持公司的文化建设工作。

荣成公司总经理李云恩与其核心团队创造性地提出了企业与公司发展一荣俱荣、一损俱损的思想，并在细微处体现出来。譬如，很多员工的自控能力很弱，自我理财意识不强，每到发工资后就到外面消费，缺乏自我节制。因此，造成了很多不良的影响，也带来了很多不稳定因素。因此，倡导和帮助员工进行理财显得十分迫切。

于是，公司上下开展了一次自我理财的集体总动员，并由公司给予指导，让每一位员工都参与到自我理财的行列中来。公司利用开会和学习间隙广泛宣传自我理财的方法和好处，并要求大家结合自身实际做出理财计划和总结。结果，员工们反应积极，还写了很多的自我理财感受和体会。公司还专门编写了"自我理财歌"，生动形象地道出了自我理财的意义。大家变得越来越富裕了。

大家在尝到适应企业需求所产生的变化给自身带来的利益后，观念也不禁发生了改变。

过去，很多员工只管干多少活拿多少钱，对企业出台的制度，他们却认为那是用来约束自己的，很是抵触。另外，企业要打造企业文化，对于他们而言过于虚幻、不实际。现在，大家都认为企业制度是在维护共同利益，是大家共同的精神家园，而企业也彻底从员工情绪低落、消极懈怠、秩序紊乱、聚众滋事、挑拨离间、刁难企业的种种困境中走出来了。

向来不爱与人交流沟通且性格异常孤僻的王小宁，在大家的帮助下获得了很大进步：他的工作很细心，很少会出现失误，另外，还学会了一些生活上的小常识。最终，他由一个沉默寡言的人变成一个爱笑且有些幽默的人。大家看到了王小宁的变化，都备感大家庭的温暖，也更加坚定了打造企业文化的决心。

越来越多的人开始从将信将疑变成主动献言献策，从精打细算、斤斤计较变成勤勤恳恳、不计小节对待工作，从做事拈轻怕重、躲避责任、隔岸观火、溜之大吉变成艰苦奉献、尽职尽责的大无畏心态去帮助同事。这时，荣成公司已成为了集团公司在威海乃至胶州半岛的一面旗帜。

由此可见，勇于同公司结成命运共同体，不仅能改变自己的命运，还能改变公司的命运，并最终形成一种双赢的格局。

方法四：服从与执行力从来都是成正比的

服从是一种职责。越是服从，就越能有效地执行，也就越能在工作中有所作为。

现代商界，著名的企业沃尔玛公司里曾发生过这样的一件事。

沃尔玛采购部的经理摩尔发现，自己采购的那家供货商更便宜的东西根本不合规格，还是迈克尔的货好。但是，他却一时糊涂，并发信件把迈克尔骂了一顿，还说他是骗子。这下子，事情就麻烦起来了。

而他的秘书玛丽小姐却对他说，她早就让他先冷静下来再给迈克尔写信，但是摩尔并不听她的劝告。

摩尔解释，因为当时在气头上，而别家的东西那么便宜，因此就断定迈克尔是一个骗子。

摩尔来回踱步，突然指着电话让秘书把迈克尔的电话给他，他要亲自打电话过去向迈克尔道歉。

玛丽却笑着走到摩尔桌前说，其实根本就不用打电话道歉，她并没有把信发出去。

摩尔感到十分惊讶，因为他发现之前自己已经叫秘书立即发出去了。但是秘书玛丽却认为摩尔一定会后悔，所以就压了下来，一压就是三个星期。

摩尔低头翻看自己的记事本，然后问玛丽，自己事实上已经让她发出信件了，为什么要压下来。另外，最近发到南美的几封信是否也被她压下来了。

玛丽得意地回答他，其实自己已经把南美的信发出去了，因为自己知道什么该发，什么不该发。

没想到这一举动让摩尔十分生气，并大声斥责她，到底是听从自己的还是自作主张。

玛丽为之一愣，眼眶一湿，颤声问摩尔是否自己做错了。

摩尔肯定地回答了玛丽，并说，即使自己当时听不进去劝告，玛丽也可以再找机会和他商量，否则就要按照决定好了的去做。而且，如果这是一封军事情报的话，那么后果将不堪设想。

玛丽被记了一次小过，但并没有公开，公司里除了摩尔以外没谁知道这件事。玛丽觉得整件事情就是狗咬吕洞宾，不识好人心。于是委屈万分的玛丽不愿意再伺候这位是非不分的上司了。她跑到了克里经理的办公室去诉苦，并表示希望被调到克里的部门去。

克里笑着说："不急，不急，我会处理的。"

时隔两天，克里果然做出了处理，玛丽一大早就收到了一份解雇通知。

为什么会这样呢？作为企业的员工，你必须明白，无论你的才华有多么高，也无论你比你的上司聪明许多，你都必须要按照上司的指示去做。因为在企业里，他毕竟是你的领导，是决策者。如果每个人都按照自己的标准行事的话，那么团队的凝聚力将无法形成。而且，这还关乎一个忠诚的问题。员工的忠诚对老板很重要，你的忠诚会使老板放心，也不用再对你提心吊胆的了，因为他有了安全感。否则，说不定你会出什么差错，而事情发生了，他却是最后一个得知的。

事实上，忠诚也应该越来越成为我们的一个"高尚的追求"。我们越是忠诚，越是服从于老板，就越能在工作中脚踏实地地落实老板对我们的指示，也才能在工作中有所作为。我们只有忠诚才能在工作中得到信任和机会，能力才得以提升，也才能在工作中更加游刃有余、左右逢源。不是我们市侩，而是我们其实已经懂得了在实现自我人生价值的目标下，我们应该如何为自己"打算"。

另外，服从是为了建立一种信任感，忠诚会使人信赖，因而忠诚就是服从的核心理念。

一个人如果缺少了忠诚度，他将很可能"朝秦暮楚"，根本就不会懂得珍惜，也就不可能踏踏实实地融入公司之中。而且，事实上这样就会增加自身的生存成本，对整个工作，甚至人生而言，都是在走弯路。

我们可以通过以下陈述来看看，一个忠诚度缺失的人的生存成本是怎样的。

首先，因为不忠诚，就会随意找工作。然而找工作是需要成本的，至少是时间成本。有的人在时间上会耍小聪明，学会"骑驴找马"，但却不厚道；有的人却有可能为找到一份工作至少花掉几周时间，甚至于有的人几个月都找不到工作。

其次找工作是有机会成本的。假设某段时间并非用于找工作而是从事某份工作的话，那么薪水自不必说，而且还可能在这段时间内会有一笔大的进项，或者一个不差的机会，甚至于会遇到"贵人"也说不定……

最后，就是提高被信任的成本。任何一个人新到一个工作环境之中，要想获得公司同事、领导以及老板的信任，这些都是需要花时间的。一般情况下，在一家公司，要得到真正的信任需要三年的时间，其中包括对你的人品、工作能力等诸多方面的信任。

关于信任的重要性：只有信任才会使你在工作中被给予更富挑战性的工作，也才能因此获得成长；只有信任才会使你在工作中得到接受教育和培养的机会，因为很多高价值的培训课程，甚至赴国外进修的机会都是给公司所信任的人准备的。

很多人对这个道理并不是太明白，这样就会对工作没有忠诚度，随意换工作，把跳槽当作是一种能耐。如果说这样的人也能得到机会，那也仅限于工作机会罢了。而对一个有忠诚度的人，他所能得到的不仅仅是一个工作的机会，还有被给予的重要工作的磨炼机会，以及受到教育和培训的机会。仔细思考一下，就在我们找工作的同时，有的人却已经得到了比我们多得多的机遇，也就难怪人家最后要比我们更有成就了。

方法五：合作比单干更有效

合作不但是企业发展的关键，更是个人有所成就的关键，没有合作，凭借一己之力是远远无法达成目标的。

如今每个人都深深明白合作的重要性：个人所掌握的资源有限，只有与他人合作才能利用其手中的资源，并使自己的资源得到最充分的使用。既然要合作，那么就不能只埋头苦干，一定要抬起头来看看哪些人可以协助我们把事情更有效率地完成。一味埋头苦干在今天根本就不可能有大作为，那些善于借助别人力量并以此使自己得到成长的人会更加出色地完成任务，并且更有效率。一个会干事的人时时刻刻都做好准备，与他人进行合作。

树立合作的理念，合作能在使自己受益的同时，也让他人受益。

有这样一个故事。

异常激烈的战斗中，一名上尉双腿负伤，一名小战士眼睛受伤，结果，两人都掉队了。上尉虽然认得路，但行动不便；而小战士虽然行动自如，但眼睛受伤看不见。最后，两个人决定由小战士背着上尉，成为上尉的双腿；上尉则负责指路，当小战士的眼睛，两天后，两人顺利赶上了大部队，并治好了伤。

还有另外一个故事。

古时候，有两兄弟各自带着一只行李箱赶路。一路上，沉重的行李箱把两人压得气喘吁吁。他们只能左手累了换右手，右手累了换左手这样走着。后来，大哥停了下来，在路边买了一根扁担并将两只行李箱担在扁担的左右两边。他们两人轮流担着箱子，但显然轻松了很多。

把两个故事联系到一起或许会有些牵强附会，但两者之间却有着惊人的相似之处：故事中的小战士和弟弟是幸运的，但更加幸运的是故事中的上尉和大哥，因为他们在帮助别人的同时也帮助了自己。

对企业而言，由某个人说了算的时代已经一去不复返了。企业为了规避经营风险，合作成为其必然的选择。

百事可乐和可口可乐都是饮料公司，两家企业同时意识到快餐与饮料之间共同消费群体的关系。因此，百事可乐采取的是并购快餐业、进入快餐领域的方式，并为此投入了相当的人力物力；可口可乐则采取的是结盟快餐业的方式，把大批的可口可乐送进了快餐店，使大家在吃汉堡的同时，还能喝口可乐。

可以说，在当今的市场，合作逐渐成为企业的生存之道。

爱迪生是人们所熟知的大发明家，一生中拥有两千多项发明，也即是平均13天一项发明从他手中诞生。这么多项发明对一个精力和生命有限的人而言，实在是不可思议的。但是爱迪生却把它化为了现实，这其中的秘密就在爱迪生的实验室里——他有三位得力助手：第一个是美国人奥特，擅长机械方面，甚至超过爱迪生；第二个是英国人白契勒，沉默寡言的他擅长钻研，常常提出一些稀奇古怪的点子让爱迪生大受启发；第三个是瑞士人克鲁西，无论爱迪生的手稿多么潦草，酷爱美术的克鲁西都能制成正式的机械图……

所以，合作不但是企业发展的关键，更是个人成就一番事业的关键性因素，没有合作，凭借一个人的力量是远远无法达成目标的。

方法六：分清轻重缓急，先做最重要的事

要想工作有效率，就应抓住工作的关键，按轻重缓急程度来处理事情。

为了抓住工作的关键，分清轻重缓急，最好的办法就是按照紧迫与否、重要与否的顺序，由轻到重，从缓到急两个方面把事情分为四种类别：重要而紧迫的事情，重要但不紧迫的事情，不重要但很紧迫的事情，不重要也不紧迫的事情。

之后，我们就可以对这四种类型区别对待了：

重要而紧迫的事，例如危险、意外及有时间限制的事，需要马上处理并完成；重要但不紧迫的事，例如在未来发生并可能影响到现在的事，要做到心中有数并做好规划；不重要但很紧迫的事，也就是时常发生，需要立即处理或者请人代理，又或者集中在一起完成；不重要也不紧迫的事，也就是每天的例行公事，有时间就完成它。

但是，我们身边的多数人却宁可做令人愉快或者方便的事，也不愿按照事情的轻重缓急来处理工作。

然而，我们不得不承认一个事实，那就是没有什么方式比按照轻重缓急来处理事情能更有效利用时间了。而且，在企业中，实干的员工就是不必想着把所有的工作都完成的人，因为他们知道什么事情该做，然后按照对事情重要性的排序来一件一件地完成……即使所列出的事情最终都没有做完也不

要紧，因为他们已经完成了最重要的几件事，而这也才是问题的关键。

合作的时候，我们应该遵守上述的"减少内耗"原则，不可以为了没必要去做的事情而耽误更多的精力。

山东金号织业集团已有三十多年的建厂历史，而其中机修车间作为公司的生产保障部门却仅有员工一百多人，这些人承担着公司的设备改造、厂房维修等重大任务。

2006年，公司面临多处厂房维修和重要设备安装的问题，机修车间可谓是工期紧、员工少、任务重。他们去寻找外援，但是很多建筑施工队得知他们对工期和质量的要求后纷纷拒绝了他们的请求。这时，机修车间的员工们便勇敢地喊出了"自己干"的口号。

车间厂房的建设费时费力，而且难度还很大。三伏天酷暑难当，很多员工就在这样的天气下因为中暑而退出工作。可是如果工期有所耽搁的话，将会影响公司一整条关键生产线的引进，进而耽误整个公司的生产进度。在这种情形下，机修车间主动及时调整工作时间，充分利用早晚温度低的特点在室外施工作业。到了中午又变成室内施工，而且如果有其他地方需要维修设备、改造管道，部门又能随时进行人员抽调。

在寒风肆虐的隆冬季节，为了保证车间设备的正常安装，大家都不顾一切地工作。全体人员装修地面、门窗，成功地在"冻人不冻地"的季节里顺利完成了厂房和设备的维修安装。

金号集团的员工们深深地懂得，每个人都是有能力的，而困难往往会超出预期，如果个人只懂得各自为营的话，也就大大约束了每个人能力的正常发挥。要想较好发挥个人的能力，只有全力以赴地与本部门和其他部门的同事合作。也只有大家齐心协力才能形成人多力量大的局面，也才能使企业成为行业中的第一品牌。

大家一旦有了合作的心态，就会因为害怕自己的工作影响到其他人的进程，而不会在没有条件的时候"等、靠、要"了。相反的是，大家会选择建设性地创造条件，解决问题，从而为达成目标贡献自己的一分力量。

另外，对一名员工而言，如果没有和企业建立真正的合作关系，那么就很难真正地融入企业内部，也不能充分发挥自己的才能。而且这样的人做起事来还会缺乏诚意、拈轻怕重，事不关己高高挂起，无法获得企业的信赖。

在企业发展的过程中，要求员工有团队意识。如果你能明白这一点就代表你能在现在的时代背景下得到信赖和重视，相应地，企业也会因此获得发展。

第七章 ／ 朴实动人——实干者这样说话

实干者信奉，工作是干出来的，不是说出来的。他们认为，争论争吵，不如自我检讨；寻找借口，不如主动执行。非说不可的时候，他们说得头头是道，干起来更是有一套。而这些正是上级最为欣赏的品质，所以他们能脱颖而出就是很自然的了。

◎ 朴实动人的表现 ◎

表现一：说得头头是道，做事更有一套

不能满足于"知道"，更要做到。分析起工作来，可以说得头头是道，切实去做时更要有一套。

2004 年在北京"杰克·韦尔奇与中国企业领袖高峰论坛"上，中国企业家曾这样问杰克·韦尔奇："我们知道的东西其实差不多，但为什么我们与你的差距会那么大？"

杰克答道："你们知道了，但是我们做到了。"

这个答案简单得出人意料，但又道出了管理的真谛：知道固然重要，但是做到更重要。如果不去做，再好的计划，再宏伟的目标都是空谈。

平庸与卓越的差距不是别的，正是"知道"与"做到"之间的差别。这是一个再简单不过的道理："知道"再重要也仅仅停留在"知道"上面，再好的理想、原则、诀窍，再高的智慧，也不过是一些毫无意义的资料罢了。最重要、最关键的还是"做到"！很简单，"知道"并不等于"做到"，也远远不及"做到"，就正如人们"知道"吸烟有害身体健康，但真正"做到"戒烟的人却寥寥无几。要从"知道"到"做到"，这二者之间还有很长的距离，也还需要付出很大的代价。

在美国某公司的一次促销会上，销售经理请求与会众人都站起来，看有什么东西在自己的椅子下。结果，所有按照请求去做了的人都在自己的椅子下面发现了钱——至少是一枚硬币，最多可得到 100 美元。

这位经理说："谁捡到的钱就归谁，但是你们知道我这么做的原因吗？"与会人员个个面面相觑，都不明白经理的用意。接着，经理一字一句地慢慢说道："我只是想告诉大家一个最易于被忘记的道理：坐着不动是永远也挣不到钱的。"要想取得收获就必须要有所行动。但是，我们要如何行动才能有收获呢？那就是既要知道，还要做到。

明白这个道理非常重要，但目前恰恰是在这个问题上，大多数人有着很大的一个误区。对他们而言，仿佛只要"知道"就大功告成、万事大吉了。也正因为如此，我们的周围随处可见的都是一种当事人的沾沾自喜，而实际上可悲可叹的"知道文化"——什么都知道，说起来一套一套的，谈起事情来头头是道，但就是什么都做不到。

周士渊先生在《知道更要做到》中谈到"知道和做到"的现象时，有这样一句话："在我们整个社会生活中弥漫着一种极强的、带有我们中国特色的文化——知道文化。"

对此，只要我们稍加考察就会发现如下现象：众所周知，读书可贵，运动重要。我们也知道，心态关键，忠诚敬业、信守承诺、公正廉洁。但是，到底有多少人经常读书，又有多少人坚持经常运动，再有多少人能善于自制，多少商家信奉信誉第一，而终究有多少官员能问心无愧呢？我们也知道戒烟戒酒，但最终有多少烟民酒鬼戒掉了烟，戒掉了酒呢？是的，"知道"却最终没有"做到"，这样的现象在我们的日常生活和整个社会生活中比比皆是，熟视无睹，习以为常。

一言以蔽之，"知道"固然重要，但如果一直停留在知道层面的话，也就只是一些毫无作用的资料罢了。

龙永图在《实话实说》节目里讲过一个这样的故事：他有一次在瑞士，当进入一个洗手间时突然感觉到隔壁不断地传来一种奇怪的声响。于是，他往里一看，发现是一位七八岁的小男孩在里面。可能是因为冲水的装置出了点儿问题，所以小男孩一直在那里一边思考一边进行操作，试图修好它。龙永图站在一旁愣住了，这个小男孩带给了他太多的思考。小男孩知道了问题所在，而更重要的是他在想办法解决。

所以，在我们知道问题所在的时候，请不要束手束脚地站在一旁，也不要依靠别人，我知道这个问题，我知道要去解决。请切记，你要做的就是开始行动，只有行动了，你的知道才能成为现实。

为人处世贵在知行合一。荀子曰："口能言之，身能行之，国宝也；口不能言，身能行之，国富也；口能言之，身不能行，国用也；口善言，身行恶，国妖也。"

表现二：实话实说，永远不是错

诚信本身就是一种最有效的行为。它能使人愿意同你交往，愿意帮助你。诚信能消除障碍，使逆境变成顺境。

伊丽莎白是一家大型公司的资深人事主管，在谈到员工录用和晋升方面的标准时，她说道："我不知道其他公司标准是什么，但我们公司是很注重应征者对金钱的态度的。一旦应征者在金钱方面有不良记录，那么就不会被雇用。很多公司其实也和我们一样，很注重个人品行，并且会以此作为晋升任用的标准。如果应聘者品行上有污点，即使工作经验丰富、能力卓越，我们也不可能雇用。"之所以这样做，有四点理由：

首先，我们认为一个人除了对家庭的责任感之外，对雇主诚信是最重要的。你在金钱上违约背信，这表示了你在人格上的缺陷。

其次，如果一个人在金钱上不诚信，那么他对任何事都不会诚信。

再次，一个人如果没有守诺的诚信，那么他在工作岗位上就必然会玩忽职守。

最后，我们是不可能任用一个连本身的财务问题都无法解决的人的。因为频繁的财务困扰很容易导致一个人犯下盗窃或挪用公款的罪行。在金钱方面有不良记录者，犯罪是普通人的十倍。当我们面对金钱时要守信，这也是我们为人处世的规则。

伊丽莎白的用人标准恰恰说明了这样一个道理：诚信是衡量一个人品行的一把标尺，而这把标尺适用于每一个人。诚信不仅证明了个人的品行，还使人对家庭、社会产生强烈的责任感。

　　如果你是一个值得信赖的人，那么你的一举一动都是诚实可靠的，毫无污秽之处。你会积极主动、尽心尽力地完成自己的工作，也必然会得到提拔和奖励。而且，世界上的任何工作都没有高低贵贱之分，只有复杂与简单的区别。诚信是没有等级、不分层次的，也代表着绝对的诚实。诚信与工作和职位并无任何关系，也与性别、年龄、贫富毫无关系。那些有能力管理且积极勤奋的年轻人无论对什么工作都会欣然接受，并且还会每时每刻向世人展示自己是值得信赖的，也是有价值的。这样的年轻人，早晚会获得成功。

　　然而，无论如何，诚实并不是为了换取报酬而存在的，而索取报酬的诚实也并不是真正的诚实。诚实本身就是一种人类最具成效的行为。诚实的人从不担心曾经说过谎，也无须忧愁谎言被拆穿。因此，他们可以全心全意去做一些更有意义的事情。

　　编造一个善意的谎言本身没什么，但久而久之就会形成一种习惯，成为理所当然。小谎言需要大谎言来掩护，那么谎言就会越来越大，直到最后无法圆谎。即使是因为不小心犯下某个大错误也不能试图用谎话来欺瞒他人，最终自欺。如果可能，最好能尽快对事情进行补救，而只要妥善处理，你一样也可以立于不败之地。

　　因此，永远都不要尝试说谎，也不要窃取别人的东西。只有这样，你才能无忧无虑；也只有这样，你的内心才会纯净，才能养成自律的习惯，而工作和生活环境才能变得宁静平和。

　　坦诚相待是与人交往中最为重要的态度，大多数矛盾也都能用这种方式消除。只有真诚对人才能赢得别人的信赖，并把矛盾消灭于无形中。然而，那些虚伪的人同样会被机会所厌弃。从事社会工作总有发表意见的机会，也许你能暂时伪装自己成为一个诚实的人，但最终会是你的行动举止而非你的言辞，使你暴露在人们面前。

人无信则不立，良好的信誉能带给我们的生活和事业意想不到的好处。诚实、守信奠定了强大亲和力的基础，也会使人产生与你交往的欲望。在某种程度上，诚信消除了许多不利因素带来的障碍，也使得逆境变成了顺境。

说实话就是说符合企业实际情况的话，说反映企业现实状况的话，说发自内心的话，说代表职工利益、客户利益的话。

表现三：争论争吵，不如自我检讨

> 每个人都应对自己负责，成为问题的终结者，而不要总是推卸责任，把时间浪费在无用的争吵上。

美国总统杜鲁门一上任就在自己的办公桌上方挂了一条醒目的条幅，上面写道"BOOK OF HERE"，翻译成中文就是"争吵到此结束"。这句话的意思是说，每个人都应对自己负责，成为问题的终结者，而不是总想着推卸责任，把时间浪费在无用的讨论和争吵上。堂堂一国总统，可以把责任放到这样的高度来认识，可见责任对于执行的重要性。

实际上，每一家公司都会被同样的问题所困扰。总是有的员工在执行任务时，一遇难题或者出现问题就开始互相推诿责任，总想着把问题推给别人解决而自己则不干实事。结果，非但自己的任务没能完成，还大大降低了团队的执行效率，影响整个计划的实施。

现在，你可以进行自我检讨，看看你在执行过程中遇到难题和问题的时候是怎么做的。是把一切视为己任、勇于担责并想方设法解决，还是绞尽脑汁，寻找各种借口把责任推给别人，甚至与对方互相推诿，把时间白白浪费在了争吵上？

寻找借口推卸责任，可以说是最常见的责任推诿的情形。下面的一些话你应该听到过吧：

"如果不是因为身体不舒服，我会按时完成任务的。"

"您在布置任务的时候我没听清，否则我会按照您的要求完成的。"

"这不是我工作范围内的事。"

"我已经尽力了，可还是没法查到相关资料。"

"全是因为小王……"

"那个客户太刁难了，除非老板亲自出马……"

于是相互推诿，这是典型的不求实效的表现。而说这些话的人都自以为聪明，似乎这样就能把责任从肩上卸下来。其实，即使是那些看起来很合理的借口也无法隐藏一个人责任感的丧失。因为借口本身就是把问题的答案推给了外部环境和外部条件，也从不主动从自身找原因。总是把借口挂在嘴边的人只会自欺欺人，以为自我宽恕就能求得心安理得。因此，一旦找到借口，事情就好像真的与自己无关似的。这些人甚至以为别人不会识破借口，其实这不过是掩耳盗铃罢了，老板和同事早已不再信任他们了。这样的人又怎么可能成功呢？

之所以还有人会推诿责任，是自认为这样不仅能推掉责任，还能展示自己强者的形象。事实上，即使你在争论中占据上风，抓住对方把柄并暂时把问题推掉，但责任却一直在你身上。既然已经参与了执行，你就应该承担一份责任。而且，责任也不是一个人想推卸就能推掉的，老板和同事对此都心知肚明。你越是在争论时显现出一副强者的姿态，就越是表示你内心的怯懦。勇敢的人从不试图把问题推给他人而寻得逃避，他会正视难题，勇于承认错误并想方设法解决它。他永远把公司利益放到第一位，想着如何利用有限的时间完成最多的工作，保障流程的顺畅。因为他明白，把问题推给别人是于事无补的，甚至会因此而使工作陷入悬而未决的状态，这会给公司带来很大的损失。如果借助团队的力量，再加上自身的努力，问题就可以迎刃而解了。

一个总是依靠推诿责任来保护自己的人，永远无法担当重任，也永远不会获得重用的机会。试想一下，一个总想把问题推给别人的人，怎么可能让自己的工作能力得到提升呢？一个人能力的提升，主要是靠工作实践中的积累，也就是在不断解决问题而积累起来的丰富经验。而一个不敢承担责任的人，又怎么可能担当重任呢？所以，与其把时间浪费在相互推诿上，还不如想办法解决问题。而且，这次的失误也是今后工作的经验。

纳什是一家公司亚洲部的采购主管。一次，他因听信了经理助理的建议而大量采购泰国的一种产品，造成了账户上采购资金的透支。然而，公司对零星采购制定了一条最重要的规定，即是不可透支账户上的存款余额。也就是说，如果账户上不再有钱，就不能采购新产品，直到把账户重新补满为止，而这通常还要等到下一个采购季节。

采购完毕之后，纳什根本没想到经理突然来电通知他，有一种日本企业生产的新式提包在欧洲市场大受欢迎，要求他采购一部分。这使纳什手足无措，可是经理的命令必须执行，而采购资金透支了，怎么采购呢？于是，他想向经理说明情况。这时，一位同事向他提议说，把责任推到经理助理身上。纳什在思考了之后，果断地否定了这条建议。在他看来，如果把责任推到助理身上，必然会陷入无谓的争吵，这样会耽误提包的采购工作。而且，采购是自己的职责所在，虽然是因为经理助理的建议让自己透支了采购资金，但毕竟还是自己的责任。接着，纳什向部门经理汇报了采购泰国商品的事，并坦率承认这是自己的过失。同时，他向经理申请了追加拨款，采购日本提包。

部门经理尽管十分生气，但还是被其责任感所感动，很快便设法为他拨来了一笔款项。后来，那种泰国商品和日本提包推向市场，引起巨大反响，销售非常火爆。为此，公司奖励了纳什和他的助理。正是这种认真负责，办实事、求实效的态度保证了执行的顺利进行和良好的绩效。如果纳什推诿责任的话，结果自不必说了。

　　一个人在接受任务后就应该对此负责，不遗余力去完成它。在执行过程中，无论遇到多大的困难都应该想方设法地解决掉。或许你的能力不够，或许你的经验缺乏，但你不能放弃，要抓紧时间有针对性地学习。譬如阅读大量资料，补学专业知识，这样可以让你在短时间内提升工作能力。同时，你也可以虚心向他人学习，取长补短。如果出现失误，要真诚地承认错误并认真思考补救措施，而非企图怎样推卸责任。总之，一旦接受了任务，那么工作就是你自己的事，你应该竭尽全力去执行并努力去完成它。

◎ 培养朴实动人特点的方法 ◎

方法一：拒绝借口，主动执行

任何的借口都是推卸责任。不找借口的人能在承担责任中激发潜能，让自己成为组织最需要的人。

任何的借口都是推卸责任。在责任与借口之间，对两者的选择体现了一个人生活和工作的态度。

在日常生活中，你是否经常听到这样的一些借口：上班晚了，会说"路上堵车"或是"手表停了"；考试不合格，会说"题目太偏"或是"题量太大"……做生意失败了有借口，工作、学习落后了也有借口。只要用心去找，总是能找到借口的。

其实，每一个借口的背后都隐藏着丰富的潜台词，只是我们不好意思或者根本不愿意说出来罢了。借口只让我们暂时地逃避了困难和责任，获得了些许的心理安慰。可久而久之就会形成这样的一个局面，每个人都在努力为自己寻找借口来遮掩过失，推卸自己本应承担的责任。

我们可以总结出以下几种常听到的借口：

他们的这个决定根本就不征询我的意见，所以我不应该负这个责任（不愿承担责任）；

我这几个星期很忙，但我会尽快完成（拖延）；

我们以前就没有这么做过，这不是我们这儿的做事方式（缺乏创新精神）；

我从来没有受到过相关的培训来做这项工作（不称职，责任感缺乏）；

我们从来就没想过赶上竞争对手，在很多方面他们都超过我们一大截（悲观主义）。

不愿负责，拖延，缺乏创新精神，不称职，责任感缺乏，悲观主义，等等，可见那些看似冠冕堂皇的借口之后藏着多么可怕的东西！

工作中，很多的人一碰到问题不是全力以赴去面对，而是想方设法去找各种理由或借口来搪塞、摆脱责任。长此以往，因为有各式各样的理由或借口可用，人就变得疲于努力，不再千方百计去争取成功。相反，会把大量时间和精力用来寻找一个合适的借口。

任何借口都是推卸责任。在责任和借口之间，对两者的选择体现了一个人生活和工作的态度。工作中，总是会碰到困难，我们是迎难而上还是为自己找到逃避的借口呢？

西点军校的来瑞·杜瑞松上校在第一次赴外地服役的时候，某天，连长派他到军营部去并交给了他七件任务。这七件任务包括：要去见某些人，要请示上级某些事，要申请一些东西，包括地图和醋酸盐（当时醋酸盐严重缺乏）等。杜瑞松虽然并不知道怎么做，但却下定决心要把所有任务都完成。果不其然，事情并不是那么顺利，醋酸盐出了点问题。他不停地在向负责补给的中士说明理由，试图说服中士同意从仅有的存货中拨出一点。中士一直被杜瑞松缠着，到最后都不清楚是被说服还是相信醋酸盐确实意义重大，或者是再也没有办法摆脱杜瑞松了，他终于答应给出一些醋酸盐。杜瑞松回去向连长复命的时候，连长除了意外并没有多说话。因为要在短时间内完成这七件任务确实并不容易，或者换句话说，即使杜瑞松不能完成任务也可以找到借口逃避的。然而，杜瑞松并没有想过去找借口，也根本就不可能有推卸责任的念头。

杜瑞松上校的精神为我们树立了典范。事实上，即使你做得不好或者完不成一项任务，还是会有数以万计的借口可以被你使用，而抱怨、推诿、迁怒、愤世嫉俗变成了最好的解脱。借口就是一面用来敷衍别人、搪塞别人的"挡箭牌"，就是一件掩饰弱点，推脱责任的"万能机"。有多少人把宝贵的时间和精力放在了寻找合适的借口上，为此忘记了身上的职责和责任。

寻找借口的实质就是掩饰属于自己的过失，转嫁应该由自己承担的责任给社会或者他人。在企业中，这样的人被视为不称职的员工，也并非企业所期待和信任的员工；在社会上，也不是大家可信赖和尊重的人。这样的人注定会成为一事无成的失败者。

作为一名员工，我们应该牢记自身的使命，尽职尽责地履行职责，面对责任要敢于担当。每个员工都必须要谨记这句话——"这是你的工作，你的职责所在，你义不容辞！"

一旦选择了这份工作，你就应该接受它的全部，理所应当地肩负起这份责任，而不是仅仅享受它给你带来的好处和乐趣。

责任所在就必须要毫不犹豫地去执行！当你意识到这一点之后，就应该努力在工作中做到这一点，并以此作为动力去克服困难、完成工作。只有这样，你才会成为真正让人放心的员工。

职业生涯中总是会有不如意的地方，而在面对自己不满意的工作时，不要有任何抱怨。相反，平静地接受并竭尽全力做好才是问题的关键所在。任何工作，哪怕是很普通的工作，也有一份责任在其中，需要你毫不犹豫地执行。

当不会推卸责任的习惯被养成的时候，你也就可能从普通员工当中脱颖而出，从而获得老板的赏识。

瑟琳在纽约一家大型建筑公司担任预算员，常常要跑工地、看现场，还要为不同的老板修改工程预算方案。虽然工作辛苦，报酬并不高，但她还是毫无怨言地主动去做事。作为预算部唯一的一名女性职员，她从不会因此埋怨，也不会逃避强体力活，该爬楼梯就去爬，该到工地上去检查就二话不说前往，该到地下车库也是毫不犹豫。同时，她也从未感到委屈，相反，她非常热爱自己的工作。

一天，老板安排她为一位客户做一份预算方案，但时间只有两天。这是一件很难做好的事情。接到任务之后的瑟琳立马展开了工作。两天内，她跑建材市场调查各种材料的价格，又四处查询资料，虚心向前辈和同事请教。两天后，瑟琳完成了一份完美的预算方案并交给老板，为此，她也得到了老板的肯定。因为这次任务的完美执行，瑟琳成了公司预算部门的主管。老板不仅提升了她，还将她的薪水涨了两倍。之后，老板对她解释原因，虽然这次时间比较紧，但他们必须尽快完成，而她平时非常出色的表现正是老板欣赏的。

工作，就是要毫不犹豫地承担责任，也要毫无怨言地主动执行。只有做到这些才能让自己成为职场上的常青树。可遗憾的是，竟然很多人都不了解，在公司里，老板的赏识是建立在主动执行、自动自觉完成工作的基础上的。要知道的是，如果你不积极主动、尽职尽责去完成你的职责，在老板心目中你将永远也不可能占有一席之地，也更不可能采摘到胜利的果实。

方法二：工作是干出来的，不是说出来的

刚进公司时，上级不会因为你夸夸其谈就重用你，唯有踏踏实实地做好自己的事，才能体现出自己的价值。

不知你是否曾有过这样的经历：某天，领导把你叫到办公室对你说，某人手头的工作差不多完成了，但现在公司派他到外地出差，而他手上剩下的一点收尾工作由你来完成吧。这时候的你是不是会感到懊恼和沮丧呢？其实，你可以把它看作是一次小测验，一次自我表现的机会。因为一个不屑于做小事的人是不可能被领导信赖并把一些大项目全权托付的，所以，我们常常看到，一些憨厚、不起眼的人会突然独当一面，担任起一个大项目的主管，而那些过分活跃却什么都不屑去做的人却鲜有晋升机会。

初涉职场的员工是很少立马被委以重任的，往往只能做一些琐碎的事。但是，不要小看这些事，也不要敷衍它们，因为别人是通过这些工作的完成来评价你的。如果连小事都做不好的话，别人又怎么可能把大事交付给你呢？孔子年轻的时候曾做过小吏，但他并不认为这是屈才。相反，无论交给他什么工作，他都能打理得井井有条，也从不埋怨。圣人且有这样的心态，我们也可以效仿之。

开始独立工作时，制订一个工作计划是很受推崇的。工作没有计划的人非但做起事来毫无头绪、手忙脚乱，还会把事情弄得一团糟并导致效率低下，

甚至还会给别人带来不必要的麻烦。因此，尤其是对于刚开始工作的人，因为情况还不熟、经验尚缺乏，那么就更应该制订计划了。

在我们制订计划的时候，需要考虑几个方面：首先，在开始工作之前，要有充分的准备，而不是开始后便陷入手忙脚乱。如果有好几件事需要同时进行，就必须安排先后顺序。其次，要先预测正在进行的工作需要耗费多长时间完成。也就是说，要估算今天一天当中能做完多少工作，还要提前安排第二天的工作进程。最后，我们还必须要养成及时汇报的习惯，这样不仅能让上司掌握情况，还能保障工作效率，树立一个踏实可靠的形象。这些对于你将来的发展无疑是极其有利的。

刚进公司时，如果你被人看成是"蘑菇"，那么你一味强调自己是"灵芝"也是无用的。此时，对你而言最重要的应该是利用所处环境使自己尽快成长。当你真正从"蘑菇"的阵营里鹤立鸡群的时候，其他人也自然会承认你的价值了。

有这么一则故事。

某国的博士毕业生不易找工作，这是因为很多企业不敢"高攀"。而一位谦虚的博士求职的时候仅拿出了专科文凭，结果很快就被录用了。没多久，他因为出色的表现将要被老板提拔，此时他亮出了本科文凭。在新的岗位上，他又再次因为出色的表现而被提拔，他这次出示了硕士文凭。如此再三，最后才露出了博士的庐山真面目。

之所以讲这个故事，无非意在告诉大家：一个人的能力与别人的眼光无关，你无须顾虑。真金不怕火炼，该是你的永远跑不掉；不该是你的，强求也得不到。你只要踏踏实实地在自己的岗位上，把自己的本职工作做好就行了。即使从零开始，你的闪光点也迟早会被人发现。而事实上，事情是人一点一点地"干"出来的，并不是文凭"量"出来的。

一个人工作的时候，如果能抱有精益求精的态度及火焰般的热情，充分发挥自己的特长，那么你无论从事什么样的工作都不会觉得辛苦。如果你能保持一腔的热忱去完成最平凡的工作，也能成为最优秀的艺术家；但如果以冷漠的态度去对待这些工作，可能你做的事情只能是差强人意。行行出状元，世上没有哪一种工作是可以被藐视的。

一个人如果藐视、厌恶自己的工作，那么必将失败。引导成功者的力量，不是对工作的藐视与厌恶，而是真诚、乐观的精神和百折不挠的意志。

无论你的工作多么卑微，都应当以艺术家的精神去对待。当有十二分的热情时，你也将从平庸之中脱颖而出，不再有辛劳和厌恶。

一些刚刚大学毕业的人总是抱怨自己所学的专业。但是他们从来没有思考过以下问题：既然你所学的专业与个人的志趣毫无关系，那么当初为什么会选择它呢？如果你已经为你的专业付出了四年甚至更多的时间，这就说明了你对自己的专业虽然说不上热爱，但至少可以忍受。那么，你现在又怎么可以抱怨它呢？如果无法改变，那么就让我们更加深入了解这些事情。当我们对其了解足够深刻的时候，我们对它们的兴趣将会发生转变。

所有人的抱怨不过是在逃避责任的借口，无论是对自己还是对社会都是不负责的。

亨利·凯撒是一位坐拥十亿美元以上资产的成功人士。由于他的慷慨和仁慈，很多哑巴可以说话，很多跛者过上了正常人的生活，穷人也能用较低的费用获得医疗保障……而他也从帮助别人的过程中得到了快乐，帮助别人成了他工作的巨大动力。当他看到那些可怜的人过上正常人的生活的时候，他便会感到莫大的欣慰和欢快。正是因为这样，他总是能快乐地工作而从未觉得工作无聊乏味。所有的这一切均是由他的母亲在他心中播撒下的种子生长而成的。

玛丽·凯撒给了儿子亨利一份无价之宝——教他如何运用人生最伟大的价值。玛丽在一天的工作之后，仍要花一定时间去做义务保姆的工作，帮助不幸的人。而且，她常常对亨利说："儿子，不工作就不可能完成任何事。而我也没什么可以留给你的，只有一份珍贵的礼物：工作的乐趣。"凯撒说："我的母亲最先教给我的是博爱和为他人服务的重要性。她总是说，这两件事就是人生中最有价值的事。"

如果你已经掌握了这样一条积极法则，并且把个人兴趣和工作相结合，那么你的工作将不再会显得辛苦而单调了。兴趣会使你全身充满了活力，也会使你在即使睡眠时间不足平常一半而工作量增加两三倍的情况下，不会觉得疲惫不堪。

成功者喜欢工作，并且还会把这份喜欢传递给其他人，使大家情不自禁地靠近他们，乐于和他们共处以及合作。其实，人生最有意义的一件事就是工作，与同事共处是一种缘分，与顾客、生意伙伴会面也是一种缘分。罗斯·金也曾经说过："只有通过工作才能保证精神的健康；只有在工作中思考才能使工作成为一件快乐的事，两者紧密结合。"所以，我们应该在工作中寻找乐趣，在乐趣中工作。

方法三：口头认错是勇于承担的开始

工作中出现失误并不可怕，可怕的是掩饰失误，推卸责任。唯有敢于承认"这是我的错"，才可能提升品格、改变结果。

工作中出现失误并不可怕，可怕的是掩饰失误，推卸责任。人非圣贤，孰能无过？面对错误，多数人会选择沉默或者观望的态度去面对，不到万不得已绝不开口认错，甚至百般抵赖，推卸责任。但也有人会诚实地承认错误，斩钉截铁地承认："这就是我的错！"

"这就是我的错！"这句看似简单的话从嘴里说出来却需要莫大的勇气。因为受到传统文化的熏陶，犯错就表示一个人的不成熟、无能力，这样会被人抓住把柄，会很没面子，会影响到薪水和职位，甚至会受到处罚。不可否认，有的人不愿意说这句话正是抱着这样的想法：只要我不承认，老板就不可能那么容易就把责任推到我身上。而随着时间的流逝，或许老板会忘掉这件事，事情也就不了了之了。所以，一般人在承认错误的时候都会显得犹豫不决。但在此，我要再次声明，承认错误是勇于承担责任的开始。

查姆斯在担任国家收银机公司销售经理期间，曾面临过一个尴尬的局面：公司财务发生了困难，而这件事被所有的销售员知道了。他们都失去了工作的热情，这导致了公司的销售业绩下降。为此，查姆斯不得不召开全体销售员会议。

　　首先，查姆斯请所有的销售员依次说明自己销售业绩下降的原因。但得到的回答几乎都是一致的：市场不景气，资金缺乏，人们都希望等到总统大选结果揭晓之后再买东西，等等。查姆斯生气地喝止了众人，并命令大会暂停十分钟，等他把皮鞋擦亮。然后，他让坐在附近的黑人小工友去把他的皮鞋擦亮，而他直到皮鞋擦亮为止都一直站在桌子上不动。接着，他给了小工友一笔钱，并继续刚才的演讲道：

　　"我希望你们都好好看看这位小工友，他拥有在我们公司擦皮鞋的特权。而他的前任是一位白人小男孩，年龄比他大得多，即使公司每周补贴他五美元，但他仍然没办法从公司挣到足够维持生活的薪水。但这位黑人小男孩却拥有相当不错的收入，在没有公司补贴的情况下还能每周存下一点钱。而且，他和他前任的工作环境是完全一样的，工作对象也完全一样。现在，我要问你们一个问题，那就是那位白人小男孩拉不到更多的生意，到底是谁的错？是他的错，还是顾客的错？"

　　所有人都不约而同地回答道："是小男孩的错！"

　　"那么，你们呢？现在推销收银机和一年前的情况完全一样，但你们的业绩却在下滑，这又是谁的错呢？"

　　"是我们的错！"销售员们异口同声地回答。

　　"我很高兴，你们能认识到自己的错误。现在，我告诉你们，只要全力以赴，保证在今后的30天内每人卖出五台收银机，那么本公司的财务危机将不可能发生。你们愿意尽力完成这个任务吗？"结果，大家都异常坚定地回答说愿意，并在30天内完成了任务，成功解除了公司的经济危机。

面对错误，人们往往会变得犹豫不决，不敢及时承认自己的过错。这样，就容易给自己留下找借口的时间，开脱自己的责任。如果第一时间直接承认是自己的过错，就会彻底粉碎掉过去那些不负责任的想法，积极承担起自己身上的责任。而且，一旦承认了自己的错误，那些曾经的借口就像不曾存在一般，随风消逝。而一旦说出"这就是我的错"，便会立即展开行动承担责任，想尽办法完成任务，帮助公司解除危机。

因此，不要抱有侥幸心理，要敢于说出"这就是我的错"，这才是弥补过错、追寻完美的正确态度，也才是赢得尊严、提升品格的唯一路径。

如果我们诚实地承认自己的错误，常常会得到老板的原谅。虽然嘴上责骂你几句，但心里已经原谅你了。因为聪明的老板都是坚持往前看，虽然珍惜过去，但更注重未来。一个人承认错误，就是勇于承担责任的开始。他会及时修正工作上的失误，为减少损失而制定出更完美的方案，并小心执行，避免发生同样的错误。只要承认过错，并勇敢担责，错误就可能转化成为宝贵的财富。而聪明的老板是不会处罚这样的员工的。

哈威一次误发了一名请病假的员工全薪。当发现这一错误后，他立即通知该名员工，向其解释说必须纠正这个错误，因此要在下个月发工资时扣掉多付的工资。但该名员工认为，要这么做的话，他下个月就很难维持生活了。为此，他请求允许分期扣除。但要这样做的话必须要经过老板的批准。然而，哈威知道，这么做绝对会使老板生气，可这都是因为自己的错误造成的，自己必须到老板那里去承认错误。

哈威走进老板办公室并如实向老板汇报了工作。于是，老板大发雷霆并认为应该是人事部的错误，但哈威坚持说是自己的过错。于是，老板又责备了哈威办公室的同事，但哈威还是坚持是自己的错。最终，老板欣喜地看着哈威并说道："我刚才是故意考验你的，既然你坚持是你的错的话，那么就由你来安排解决方案吧！"

就这样，问题得到了解决。这件事中，哈威没有回避，而是勇于承担一切责难。此后，哈威更加受到老板的器重。

我们再来看一个发生在美国克莱斯勒汽车公司的故事。

一位项目经理把辞呈交给了 CEO 艾柯卡，表示要对自己所领导的项目失败造成的 100 万美元损失负责。但艾柯卡拒绝了他的辞职请求，因为他明白这位项目经理还会继续从事汽车行业。于是，他说："我并不希望这 100 万美元是为别的公司交学费，请记下这次的教训，这是我们的财富。"之后，这位项目经理被调到别的岗位上继续委以重任，并为公司的发展做出了不小的贡献。

勇于承认自己的过错，不要抱着侥幸心理。你是否曾想过，本来承认了错误就能解决的问题，由于你的沉默而增加了执行的成本。而为此，老板将花费精力，整个计划甚至会因此而被搁置。你的沉默无疑是错上加错，等到真相大白。你再被迫承认错误已然于事无补。而且，那个时候又有谁还会相信你具有责任感呢？而你又有什么理由请求他人的原谅呢？另外，你又将怎样去弥补你的过错呢？

所以，当我们犯下错误的时候，不要拒绝向人承认，也不要推卸责任。我们应该彻底粉碎那些不负责任的想法，积极承担自己的责任。以上才是一个优秀的人必备的素质。

方法四：将心比心，常对别人说"谢谢"

我们要将心比心，理解他人的不容易，要常对他人说"谢谢"，工作就会高效而快乐。

无论是现在的工作，还是将来要做的工作，归根究底都是在为自己服务。另外，我们都需要一个平台，也就是企业。从这个层面上来说，我们与企业也是一种合作的关系。

很多人没有一颗感恩的心，他们不会领企业的情，也不会领老板的情，自认为自己只是拿走自己应得的那一份。但是，设身处地思考一下，打工不容易，而做企业也并不轻松，甚至不知道要难上多少倍。

对于普通打工者而言，如果一家企业不幸倒闭，还可以换一份工作。但是，老板们却还要面临着巨大的，甚至倾家荡产的风险。所以，我们应该感谢企业和企业老总们为我们承受巨大的风险，即使我们决定离开也不一定要造成两伤的局面，保持和气很是重要。因为，也许今天你刚离开，明天就必须和企业进行合作。

通常，我们可能会因为自己无意中伤害他人而闷闷不乐，但却很少看到有人因为伤害了企业的利益而自我责怪。人的潜意识里，总是觉得自己和企业是对立的，所以一旦发生不愉快就会找到很多借口来为自己掩饰。可以这么说，这就是还没有成熟的表现。很多时候，即使无意间对企业的伤害，实

230

际上也会使我们在职场上永远留下疤痕。

　　有一个男孩，脾气很坏。于是，他的父亲交给了他一袋钉子并嘱咐他，每当发脾气的时候就钉一枚钉子在后院的篱笆上。

　　于是，第一天男孩钉下了37枚钉子，而之后钉子的数量在逐渐地减少。最终，男孩发现控制脾气比钉钉子容易得多。

　　最后，这个男孩再也不会因为烦躁而胡乱发脾气了。而当和父亲谈起这件事的时候，被告知，每控制一次脾气就可以拔出一枚钉子。

　　小男孩照着做了，并最终把所有的钉子都拔了出来。然后，父亲握着男孩的手来到后院，说："做得好，我的孩子。但你再看看这些篱笆上的洞，这些篱笆将不再恢复原有的样貌了。事实上，你生气时说的话就像这些钉子一样留下了疤痕。"

　　企业与我们之间，常常会因为一些我们都无法释怀的固执而形成永远的伤害。企业在逐步成熟的同时，希望自身也能够发展成熟。即使我们今天愤恨地离开企业，但无疑只是给自己增添了几个不想再看见的人，为自己播下了几颗怨怒的种子，而一旦种子发芽并长成茂盛起来，你仍然不会开心。

　　再来回顾某些企业的"招回"、"回巢"，不也是皆大欢喜吗？就算我们无意重返，但能和曾经的同事与上司相处融洽，也是一件令人开心、坦然的事。常言道"和气生财"，和周围的人保持一团和气正是随时准备与人合作的前提。

第八章 ／ 内实外圆——实干者这样做人

实干者积极进取，不用借口粉饰自己。他们想方设法向一切人和事学习，不断充实自己，以真正的实力在职场立足与发展。面对逆境与问题，他们能灵活变通，积极寻求解决之道，最终把各种困难变成机遇。

◎ 内实外圆的表现 ◎

表现一：不用借口粉饰自己

也许借口可以让我们暂时逃避责难，但总是找借口会带来十分严重的后果，会让人变得更加消极，最终让人一事无成。

在西点军校，当军官向学员们问话时，学员们的回答只能是四种："是，长官！""不是，长官！""不知道，长官！""没有任何借口，长官！"除此以外，便不能多说一个字了。

"没有任何借口"，这是西点军校 200 年来所奉行的最为重要的行为准则，也是西点军校传授给每位入校新生的第一信念。它强调每一位学员都必须全心全力完成每一项上级交代的任务，而不是因为任务未完成便向长官陈述各种借口，即使有的听上去非常合乎情理。也正是秉承着这一理念，无数西点军校毕业生在其一生的奋斗中取得了非凡的成就。

在日常的工作中，我们总是能听到各式各样的借口。

"老板，本来我是准时出门的，但就因为路上塞车。"

"我本可以完成的，就因为外人搅局。"

"这些东西我本来就没接触过，所以做起来不太习惯。"

"再给我三天时间我肯定能完成。"

"老板，按照公司规定，我那时候应该休假的……"

"老板，我是人，不是机器人，我需要休息。机器人还能出错呢，何况是人？"

也许借口可以让我们暂时逃避责难，但我们要知道的是：短时间内你也许能够从中获利，但随着时间的流逝，借口的代价就会越来越高昂。然而，事实上借口给我们个人带来的危害其实一点也不亚于其他任何恶习。

正如西点军校所崇尚的传统一样，在现实生活中，公司最缺乏的也就是那些想方设法完成任务的员工，而非那些寻找借口逃避责任的员工。在这些员工的身上，我们能看到一种服从和忠诚的品质，一种敬业和负责的精神，一种超出常人的执行能力，他们将永远是最可能成功的员工。

人们曾把借口归纳为以下几种表现形式。

第一，把时间作为借口。

如果你足够仔细和谨慎的话，你会发现，在每一家公司的每一个角落都存在着这样的员工：他们看起来总是忙得不可开交，一刻也没有清闲下来，一直尽职尽责的样子。但实际上，他们是把本应该短时间内完成的工作拖延得很长，时常出现事倍功半的效果。这些人不会拒绝任何任务，他们只是不努力，以各种借口来拖延和逃避。这样的员工很难让人找到他什么毛病，甚至会让主管认为他在很卖力地工作，蒙蔽了上级的眼睛。

第二，把经验作为借口。

任何一个新的任务都需要一定的创新精神和进取精神，而喜欢找借口的人往往更倾向于守旧，缺乏创新精神和自主积极工作的热情。而对这种员工在工作中会有创造性的发挥抱期望则是徒劳的。

第三，把别人作为借口。

"这件事与我无关，不应该我来承担责任。"也就是这些人的想法。然而，事实上，问题正是因为这些人的过错才导致的。在团队中，我们想到更多的应该是集体，而不应该是个人。如果一名员工没有责任感，那么他就不可能得到同事的支持和信赖，也不可能得到老板的肯定和重视。每个人都要为寻找借口付出代价，这代价就是团队的执行力降低，最终导致整个团队的全军覆没。

第四，把对手作为借口。

想要判断一个员工是否存在进取心，一个有效的测试方法就是问他如何对待自己的竞争对手。如果他是一个不思进取的人，那么这必然会成为他的借口。这将会带来十分严重的后果，那就是让人变得更加消极，在遭遇困境和失败的时候，不是积极地去想办法解决问题，而是寻找各种借口去掩饰自己的懒惰和气馁。而这些借口之下，蕴含着"我不行"、"办不到"的意思，这种心态剥夺了一个人成功的机会，最终会让人一事无成。

表现二：做一个甘愿吃亏的人

不愿意吃亏的人总是想着向企业索取，容易遭企业摈弃，愿意吃亏的人才能最终得到更多，发展更快。

企业吸收和团结一批人进来，不仅是为了生存，还想把企业做强、做大，同时，也让更多人在这个平台上获得发展和对自己理想、事业追求的满足。成为企业的利益共同体便意味着以企业的利益为重，尤其是面对个人得失时，就更要以大局为重了。

在格兰仕，有一个"师带徒"制度。当然，对大学生不能用这么不入时的名词，于是便发明了"分裂繁殖"的说法，也即是指打下江山的前辈在工作中作为老师，培养新人。等新人基本掌握业务技能后，也就意味着"繁殖"成功，那么同时要分裂，把相对比较好做的旧市场交给新人，老师则要改去开发新的市场。

这并不是普通的"师带徒"，这是要把千辛万苦打下的江山也同时交出去的。那时，格兰仕的分配体制还未制定，全靠企业文化和私人感情硬推。

无论一个制度是否合理，总会有支持者，也总会有反对者。

梁杰初、沈朝辉是业务骨干，有"主管"头衔，所以分裂繁殖制度一出台便首当其冲。企业年轻的老总梁昭贤亲自找到梁杰初谈话，让他带头。一看梁昭贤出马，梁杰初心里虽然叫苦，也只能硬着头皮说"顾全大局，理解和支持改革"。虽然梁杰初是个性情中人，可一旦工作或生活中有什么困难，总会向好脾气的梁昭贤倾诉，而现在梁昭贤要求他带头，他也只能答应了。

当带出徒弟后，梁杰初便被调到了日本市场。众所周知，日本市场是全世界最难打进的市场之一，其消费者极其排外，有强烈的民族情结并多数使用国货。这一点上，与欧洲诸国的国情完全相反，这使得梁杰初过去积累的经验完全不管用了。

开始的日子很难过，但梁杰初知道，格兰仕对一个员工的高度信任正是通过向其交付更富挑战性的工作表现出来的。

梁杰初决心挑战自己，并最终大获成功，格兰仕也因此一跃成为第一家以自有品牌打进日本市场的中国家电企业。

然而，主攻欧洲市场的沈朝辉就远没有梁杰初那么幸运，他磨了很久才签下一位英国客户的单。不过，幸运的是，这是欧洲市场最大的客户。

沈朝辉的性格相对比较内向，初出茅庐时，不论多么艰险都从没向梁昭贤诉过苦。因"分裂繁殖"被调去开拓亚非市场后，表面上虽然没闹情绪，但内心却别有一番滋味。那时，业务员提成只看订单的，看到留在英国的徒弟提成比自己的高，沈朝辉自然也会有些想法。

而开拓亚非市场，公司给他分配了几个新的业务员。然而，因为新人工资低而他有保障，他便把自己手头好不容易开拓出来的几位客户资源分给了几个新人，以保障他们的生活。

只是这么一来，他也体会到了高层的难处。一想到自己有时提成甚至比老总还高，心里也就平衡了很多。

于是，他给自己定位在了"全球开拓"上，决心凡事要以大局的眼光来看问题。

愿意吃亏的人才能最终得到最多，因为成长的空间更大。梁杰初和沈朝辉现如今也都成了格兰仕第二代管理团队中的核心骨干。

当然并不是所有人都肯吃亏的，也会有人闹别扭。碰上这样的前辈，新人只能自己摸着石头过河了。1998年新进格兰仕的李旭升就曾遇到这样的事，前辈不想被调到新市场从头再来，所以，一直不肯教他。结果，导致李旭升总是不能"出师"。脾气倔强的他闷着头屡败屡战，历时一年多便拿下一份14万美元的订单，是新人拿到的订单中最大的，并从而成了新人的榜样。结果，"分裂繁殖"竟把他调去开拓加拿大市场——"老人"没动，动了新人，真有点不公平。但是，只有肯成长的人才能有更宏远的未来。格兰仕上空调项目，李旭升再次当排头兵，从此便有了施展自己更多才能的舞台。

"宝剑锋从磨砺出，梅花香自苦寒来"。格兰仕海外市场部有六十余位业务员最终"分裂繁殖"成了36间科室，并且正是因为"老人"始终能开拓新市场，使得他们的一切都要重来。虽然同为新市场，但进入方法却各不相同，这就使得他们没时间发牢骚。所以，也就没人自以为是，也使得他们在职场上不断进步；而对于企业来说，也就出现了"新人"和"老人"同时成长的局面。

在这种模式下，格兰仕更是以令业界惊叹的速度培养出了大批企业急需的人才，而其中海外市场部全都是年轻新秀。2002年，格兰仕八十多亿元的销售额，是由100位负责国内市场的业务员和六十多位负责海外市场的业务员共同完成的，也就是说，平均每位业务员完成了5000万元的业务量。

这些人并不是格兰仕猎来的营销高手，也不是镀金归来的海龟，他们基本都是国内普通高校培养出来的大学生。老实说，以他们的学历，就算有幸跳槽到跨国企业的中国分公司，他们也只能被聘去开拓中国市场。

但是，在格兰仕工作的这些年轻人是幸运的，因为他们能在前辈的带领和培训下迅速成长。多少名校出身的人，多少海外镀金的博士生、硕士生，在他们的青春岁月中都很难创造出这样辉煌的业绩。但是，在格兰仕的这些年轻人却成了中国当代企业闯世界历史中无法绕开的群体。

　　当然，我们更需要敬佩格兰仕是一个创造奇迹的地方：即使没有相应的分配制度，"分裂繁殖"却能铺开推行。这背后自然离不开那些拥有全局意识，并把企业利益看得高于一切的一群人的支持。

　　我们知道，一间跨国集团的运行模式成熟并打进他国市场是有常规套路的，其机制确保了复制成功的概率。而对特别陌生的市场，他们甚至准备若干年，以待时机成熟。但是，格兰仕却限于自身条件，在没有缜密思考过海外市场攻克方法的前提下，竟然敢于放手让一批毫无经验的学生到全世界去闯荡。而很多人到了海外市场自创新招，见招拆招。当这些新锐们取得业绩后，格兰仕对其也不骄不纵，会再派其到新的市场接受新的考验。这样，越来越多的格兰仕人在格兰仕的平台上施展着自己的才华，也同时成就了格兰仕纵横全球的事业。而这些成就了企业的员工，必然是有着卓越才华和实干精神的好员工。

表现三：用 100% 的热情去做 1% 的工作

用 100% 的热情去做 1% 的工作，会让你有非凡的收获。

也许很少有人能明白精神状态到底是怎样影响到工作的，但我们清楚没有人会愿意和一个整天无精打采的人打交道，也没有领导愿意重用一个精神萎靡不振、牢骚满腹的员工。

微软的招聘官员曾说过："从人力资源的角度而言，我们愿意招的'微软人'，首先必须是富有激情的人：对公司、技术、工作都有激情。在一个具体的岗位上，你可能也会觉得奇怪，怎么会招一个这样的人，对行业涉猎不深，年纪也不大。但是，他有创意，在和他谈完之后，你就会受到感染，并且愿意给他一个机会。"

提起拿破仑，出现在大家脑中的可能会是一位个子不高但斗志昂扬，精力似乎永不穷竭的狂热战争分子。但也正是他，曾在新兴资产阶级几十万法郎的资助下，仅用了一个月的时间就做好了推翻波旁王朝督政府的准备工作。他成功发动了"雾月革命"，并夺取了法国政权。在他的一生中，曾打过数百次胜仗，粉碎了五次反法联盟的联合进攻，不仅捍卫了法国大革命的主要成果，还推动了整个欧洲从封建社会到资本主义社会的过渡。

拿破仑之所以能成为法兰西第一帝国的开创者，并能推动整个欧洲社会性质的转变，其中一个重要的原因就是他对自己所肩负的"重要使命"怀有满腔的热情。

对工作怀有的满腔热情会大大加快一个普通人的梦想向现实转变的进程，也会使其成为巨人、伟人。

传奇式复印大王保罗·奥法里小时候患有阅读障碍症。他二年级时，在天主教学校学习期间，老师教授他朗诵祈祷文。但是，几个月过去了，他就连字母都不认识，更别说朗读了。结果，他二年级的考试没能及格。到了八九年级，他还是学不会阅读，甚至于高中毕业时，在全校 1500 名学生中位列倒数第八名。在一次接受记者采访的时候，他对记者说："老实说，我真不知道那七个人的分数怎么会比我还低。"

然而，阅读障碍症并没有让保罗失去信心。作为商人的儿子，他对出售商品有着极大的兴趣。于是，他便利用这一长处使自己走上了创业的道路。正如他在第一次演讲时所说的，"用自己的长处工作，而不是短处"。从此，他凭借自己对销售商品的热忱，使"金考"快印成了一家在全球有一千一百多家分店、2.5 万名员工的复印王国。金考公司还在 1999~2001 年连续三年被《财富》杂志评为"全美最适合工作的 100 家公司"之一。

热忱可谓是一种具有矢量性的精神力量，是人们奋斗的原动力。它可以调动人们积极主动工作的态度，而一旦有了这种态度，乏味的工作也会变得十分有趣。而且，热忱还可以帮助人们增添克服困难的勇气，一旦有了这种勇气，即使再困难的工作也会变得非常简单。

作为一名职员，如果你想成为一位卓有成就的人，那么你应当对工作怀有满腔的热忱。态度热忱会使你充满活力，而工作也会干得风生水起；相反，态度冷漠则会使你无精打采，而工作也会变成你的一个负担。当你对工作怀有满腔热忱时，你将会发现，你的工作是如此的有意义、有价值。与此同时，你的潜能也会被充分地调动，你的积极主动性也会被充分地发挥，你还会得到其他意想不到的收获。

虽然良好的精神状态并非财富，但它会带给你财富，也会使你得到更多成功的机会。正如一位名人所言："想要得到这世界上最大的奖励，你就必须像最伟大的开拓者一样，把所拥有的梦想转化成为实现梦想而献身的热忱，以此来发展和销售自己的才能。"

请记住法国著名作家拉封丹所说的一句话——无论做什么事，都应该遵循的原则是：追求高层次。你是第一流的，你应该拥有第一流的选择，并在工作中加入"热忱"二字。

总而言之，每天精神饱满地去迎接工作的挑战，以最佳的精神状态去发展自己的才能，这样才能使自己的潜质得到充分发掘。同时，你的内心也会有所变化，变得越发有信心，而你的价值也会越发地被别人所认识。

卓有成就的人，都是对工作怀有满腔热忱的人。他们可以用100%的热忱去从事1%的工作，并从不计较那1%的微不足道；他们能用100%的热忱去对待任何一项工作，并从不考虑那项工作的薪酬如何。因为他们坚信，只要耕耘必有收获。

◎ 培养内实外圆的方法 ◎

方法一：培养并磨炼敬业精神

每一个人都应该培养自己的敬业精神，敬业的人才能赢得别人的尊重和肯定，并取得成功。

为山九仞，功亏一篑。一件事，即使之前做得再好，也有可能会因为之后的松懈而前功尽弃。一个人一生都必须要为工作负责，做任何事都必须要善始善终。无论你是在做接线员的工作，还是在担当领导的职责，都必须要有责任心，竭尽全力去做。

做事和人的成长一样，都是从小到大，一步一步地进行。没有人能一步登天，而眼高手低、好高骛远，自认为能力很强，不屑于干那些琐碎的小事的想法只会阻碍一个人的进步。凡事需要从点滴做起，如果缺乏积累和耕耘，一切也只能是空想。所以，每个人都必须做到对工作保持足够的耐心。

工作无小事，不要小看平凡的工作，正是在平凡中孕育着伟大的种子。大事是由众多小事累积而成的，忽略小事就难成大事。只有从小事做起，逐步增长能力才能获得认同，也才能得到干大事的机会，日后也才能做得了大事。而那些一心想做大事却抱有"简单的工作不值得去做"的心态的人，是永远也无法干成大事的。

拥有全心全意、尽职尽责的敬业精神，也许不能立马为我们带来利益。但可以肯定的是，一旦我们养成一种"不敬业"的不良习性，那么我们的成就将会相当有限。那种散漫、马虎、不负责任的处世态度，其所导致的结果可想而知。

一名职员完全可以养成做好自己分内事的工作习惯，只要全身心投入其中即可。即使是补鞋的工作，也可以被当作艺术来做。不管是补一个补丁还是换一个鞋底，补鞋匠都会一针一线地精心缝补，而你也会觉得这样的补鞋匠可称之为艺术家。没有敬业精神的补鞋匠则完全相反，随便打一个补丁，根本就不管外观，把工作当作是一件不得不完成的任务，根本就没有热情关心工作质量。我们认为，只有不总想着从中挣钱而是希望自己技艺得到提升的人，才能成为最好的鞋匠。

敬业促使我们养成每天超额完成工作的好习惯，把额外分配的工作看作是一种机会。当别人把某个难题交给我们时，也许正在为我们创造一个珍贵的机会。即使在极为平凡的工作岗位上，处在极其低的职位上，敬业都能带给我们极大的机会。敬业使我们不但能想到自己的责任，还让我们想到自己能够做什么。

并且敬业可以使我们从中体会到更多的知识，积累更多的经验，并能在身心完全投入的过程中找到欢乐。每一个人都应该培养进而磨炼自己的敬业精神，无论将来处于什么位置，从事什么职业，敬业精神都是你走向成功的宝贵财富。

有的人天生就具有敬业精神，任何工作只要已接受就会废寝忘食去做，但有的人则需要培养和磨炼敬业精神。如果你自认为敬业精神不够，那么，请趁年轻的时候多注重自我培养，拿出一副主人翁的姿态来。

工作中的人都希望获得别人的认可，都想赢得更好的发展，但要实现这些并非无条件的，关键是要看个人能力，看自己是否具备真本领。业务能力精湛是做好本职工作的前提条件，也是在本工作领域内出类拔萃的关键所在。所以，常言道，干一行，精一行。

因此，无论从事什么工作，我们都要精通它。我们应该成为自己职业领域的专家，这样就能赢得别人的尊重和肯定，并取得更大的事业上的成功。

方法二：向一切人和事学习，让自己变神奇

向一切人和事学习，能增长阅历，增强工作能力，让自己成为企业不可或缺的人才。

要想永远成为企业的利益共同体，就必须永远做到追求进步以适应工作的需要，这就必须学习。

可以说，现在找到一份满意的工作实属不易，能"站住脚"就更不易。如果你不能在工作中不断学习、丰富知识、提升技能，那么，就算你是公司的三朝元老，是硕士、博士甚至博士后，也不能应付自己的工作，更不能为公司创造更大的价值。而老板也会为了公司的利益，把你扫地出门。所以，要想在激烈的竞争中获胜，就必须在工作中不断学习，不断吸收能量，做出更优秀的业绩。

而工作中最直接的学习，就是在工作中做到"读万卷书，行万里路"，"阅人无数，大师指路，自己去悟"。

工作的过程就是学习成长的过程，我们应该利用好工作中每一次的充电机会。譬如，在做一个新的工作任务时，我们就不能离开读书。先从书上寻找答案，再进一步把视野拓宽，从周围人处获得建议，找到可以求教的老师……这样，我们就有了做事的主见和步骤。

第一，读万卷书。

一位老板曾和一位大师级的人不期而遇，他觉得机不可失，于是在很恰当的时候提出让大师给他的企业诊断。大师说："你把企业所处行业的一些书和资料先给我看看。"老板说："我整天都很忙，根本没时间看书。"大师回答他一句意义深刻的话："你根本不清楚你在干什么。"

对于多数人而言，我们的工作不是研究发明，而我们也不是第一个从事这份工作的人，也有很多成功的经验和具体做法都被总结好了。比如文员这份工作，工作的内容只需要阅读几本相关书籍就可以明白了。一本不够，就三本、五本，这要比我们在工作中摸索有效得多。一旦找到了做事的方法方式，我们就能很快地在实践中结合书本的知识创造性地发挥。

又比如，销售工作，到底要怎样把商品卖掉？事实上，我们只要阅读基本销售方面的书籍就可以找到答案了，这样在实践中就不至于碰钉子。再比如，做策划、写文案的，也能在书中找到答案来帮助自己的实际工作。

在工作中，第一时间阅读能对我们有指导作用的书籍，是最快进入工作状态的方法，这会比我们怀着谦虚谨慎的态度，向有经验的前辈请教所能获得的帮助更系统、更有效。

对此，有人会说："我工作太忙，一忙起来就没时间看书了。"然而，事实并非如此，工作再忙，只要挤挤就会有时间了。在工作中读书，甚至把过去的书拿出来重新读，我们就会发现我们的理解能力和对书中知识的驾驭又达到了一个新的高度，而且还能做到触类旁通。这在工作中就能体现出来，因为在工作时，我们已经从容了很多。读书不是读一本就可以了，也不是到某个阶段读一读就可以了，一本好书在不同阶段会对我们有不同的帮助。

而且，读书是借助别人的智慧帮助自己成长。想将他人之长为自己所用，读书是成本最低的方法，这是身在职场的人，包括老总都应懂得的。

第二，行万里路。

行万里路并不特指要我们成为"徐霞客"，而是要我们做开阔视野的事。比如，多和同行交流，多参与公司以外的活动，多获取各种信息。

从现实的角度来讲，我们现在还处于工作成败，即人生成败的阶段，要想自己的人生有所成就，仅仅在上班的八个小时里努力是远远不够的。下班铃声一响就溜之大吉，跑回家休息或蜷缩在角落里看电视的人是没有追求的。而对那些享有更大成就的人而言，下班铃声才是刚刚开始，他们会出席社交舞会、演讲活动、拍卖会等各种集会，为自己的工作和发展做准备。

多做开阔视野的事，才能有机会成为一个幸运儿。比如说，在今天已经有很大作为的那些老总，很多时候就是靠开阔视野来获取商机的。梁庆德，大家都习惯叫他"德叔"。德叔生产鸡毛掸子、鸭绒被的时候，曾参加了一次跟自己的轻纺行业毫无关系的家电业会议。也就是在那次会议上，他才意识到微波炉会在中国有极大的发展前景。于是，有了格兰仕雄霸全球的今天。

没有开阔的视野，就不会有开放的格局，也就不会有高远的志向，更不懂得"只有走出去才会知道自己微小"这一道理。否则，只能活在自己狭隘的世界里，成就自然不会大。

第三，广交朋友。

我们的领导、同事、客户都有他们充满智慧的一面。当我们用心走近，他们会无私地与我们分享他们的成败荣辱，并给我们建议。

如果身边多了几个知己，少几个陌生人，那么我们的路将会变得开阔得多。

只有阅人，才会识人。不要以为只有老板才需要识人，事实上，只要我们懂得识人，那我们碰到的所有人都有可能变成我们的"贵人"。

第四，大师指路。

杰克·韦尔奇，全球第一CEO，使通用电气公司业绩翻了十倍。在自传中，他明确地表示他那独一无二的战略来自于与彼得·德鲁克大师的交流。由此可见名师指导的重要性。

人外有人，天外有天，有智慧的人会不停地向前寻找高手。那么，大家也就不难理解为什么有人不惜重金而一定要与巴菲特吃一顿饭了。懂得投资的人更要会投资，就是这个道理。

但是，有太多人不屑于别人的优秀，并且会为他人的成功找理由，少不了对其进行一番评论。难怪华为老板任正非说，他最恨"聪明人"了。但看看我们周围，自以为聪明的人非常多。当一个人自以为聪明的时候，对别人来说不再有影响，而对自己来讲就是内耗。因为这些人一旦有了自以为聪明的做派，就必然会一叶障目，很难借鉴别人的成功经验和做法，也很难听进别人善意的建议。最终，使自己原有的能力因为得不到发挥和响应而难以完全发挥，人生的质量也因此大大"缩水"。

第五，自己去悟。

悟性的真正含义是什么？打一个比方，一件事交给三个不同的人去做，可能会出现三种不同的情形：

一种人虽然你告诉了他怎么做，但还是做不好；

一种人是你告诉了他怎么做，他能做得很好；

一种人是你只告诉他一个大概，或者根本没有经验和指导，但他却能做得超出预期的好。

那么，最后一种人就是有悟性的人。

有悟性的人自会得到企业的信赖和赏识。

在国内著名寝具制造企业慕思寝室用品有限公司，已有11名员工在三年时间内，由普通员工成长为公司的加盟商。这些人平均年龄22岁不到，而且大都是职业高中文凭。

可以说是慕思成就了他们，因为慕思有一个机制，那就是对每年前五名进行奖励。而奖励内容则是由企业出钱为其开店，让其成为老板，赚钱之后再还给企业。但同时，优秀的员工也成就了企业。这些人曾经普通，起点也不高，其中三人曾是前台文员。但是，他们愿意用心学习，而且都很有悟性，并能以老板的心态做事，接受任务和挑战。自己获得了成长，企业自然也会水涨船高。

任琼，21岁，职业高中导游专业毕业。在慕思老总王炳坤看来，她是一个可造之材。

她从店员升到店长，再由导师升到经理，一步一个脚印。当被问及这一路顺利走来，她在企业里的贵人是谁时，她毫不思索地就说是慕思的产品。她的回答是实话，也非常有智慧。

她在工作中从不坐等指示，而是去创造性地做事。比如，经常会发生这样的事，客户下了订单，但两人都服务过这个客户。那么，关于这笔的所属就很容易发生争执，影响团结。而管理者对此也很难处理得不偏不倚，这样也会使得整个店的气氛不和谐。

任琼心想，这种事情一旦发生，解决起来比较麻烦。那么干脆就不让这种事发生。于是，任琼对"跟单须知"做出了明确的规定，对可能发生的情况一一列出：第一，开单只属个人；第二，如果把客户请进来，自己不跟，由其他同事跟签下来的话，此单属于跟客户的人；第三，对曾接待过客户，但没能在其进店五分钟内认出并打招呼，不能算曾带过客户……

自从有了"跟单须知"后，在任琼所辖的店内就再也没有发生过店员抢单的事情。内部没了大矛盾，任琼的管理自然得心应手得多。接下来，任琼可能要接受更重要的任务和更新的挑战了。因为在慕思，每年都会培养出至少五位年收入超过 50 万的员工，而这些人应把从员工变成经销商变成其新的努力方向。

　　向有经验的经销商学习也是摆在未来新的经销商面前的必修课，而且学习得越早越好。对于有悟性的任琼来说，她已铆足了干劲儿。其中有一个经销商的故事，她非常清楚地记得。在莆田的一位郭姓老板来找慕思的老总，希望能代理莆田的市场。但是，老总在地图上找了半天还是没发现莆田，就直接回绝了。而他虽然遭到了老总的拒绝，仍然第二次、第三次、第四次来请求。大半年过去了，他最终成了经销商，并使其在三线城市的销售业绩达到了一线城市的水平。这让任琼深感敬佩，并决心使其成为自己的榜样，也成为自己在未来可能开店的学习标杆。

　　总而言之，有悟性的人并不一定有丰富的经验，也不一定有伟大的学问。在任琼看来，有悟性的过程永远离不了多看、多听、多做、多想，并慢慢把自己训练成为一个有悟性的人。只有做到有悟性，才能使人在一定意义上摒弃一切没有质量、没有效率的行为。也只有把行动用在能产生"有用功"的地方，才能令自己成为企业不可或缺的人才。

方法三：把逆境变成成长的动力

在企业遭遇困境时，要拿出实干精神和一股劲儿，推动自己不断前进，和企业获得双赢。

任何企业都是在困境中逐渐成长起来的，其中最重要的还是人的素质。所以，一家企业想要取得成功，至关重要的正是与其同舟共济的优秀人才到底有多少。

如果一间商铺的老板毫不客气地把你递过来的产品扔出去，怎么办？应该捡起来再还给他。但2000年时的黄惠却没法做到这点。黄惠呆立在那里，眼里早已盈满了泪珠……

那时，黄惠还是五叶神营销员，这是其间所经历的印象最深刻的一次挫折。如今已成为五叶神驻广州办事处领导的黄惠已经能很坦然地面对当初的这个挫折了，每当谈到当时的窘态，她甚至还有些自嘲。

在2000年五叶神新聘的第一批营销人员中，几乎没有人从事过烟草行业的工作，就连从事过营销工作的人也很少。他们中的绝大多数都像黄惠那样，刚从学校毕业有几年的工作经历，自认为有一点经验就可以应对工作中复杂的挑战了。

然而，这些人一开始并不知道，市场比想象中的要困难得多。每年，各地烟草公司根据计划进的一些梅州卷烟产品，每次都必须要经过削价甩卖才

252

能销出去。赔钱的事情多了，这些本地烟草公司的员工都不是很情愿见到梅州烟草公司的人。用黄惠的话说，就是每每看到这样的情形，都让她深刻地理解了"落后就要挨打"的道理。

为了改变这一局面，他们决心要干出个样子来。

拜访客户、维护终端的工作相当烦琐，因此要求工作人员要有十足的耐心和热情，并且还要毫无怨言，自觉自愿。所以，五叶神最初并不热衷于招聘那些高学历有背景且自视甚高的人，更偏向于那些踏实肯干、待人热情、有闯劲且朴实的年轻人。黄惠和她的伙伴们起初并不懂营销，但在工作中非常投入，积极甚至狂热。在五叶神的指导和个人的摸索下，他们想尽各种办法把五叶神推销出去。比如出去吃饭，都会主动要求在大厅里面吃，而不去包厢。同时，他们还会把三盒五叶神香烟放在餐桌中央，一旦看到饭店里有人吸其他高档香烟时，还会主动上前问候并与其香烟进行交换。再如，创业初期，许多烟店不愿进五叶神的烟，他们就会悄悄组织人轮番去求购五叶神。最终，烟店老板也会在疑惑下，犹犹豫豫地进五叶神的烟了……

"自强不息，实干兴邦"，这是中华民族几千年来努力奋斗的历史写照，也是构成我们生命的文化基因。而在一个有争议的行业中，一个在行业与社会矛盾中想寻求突破的品牌中，五叶神人正是在实践中闯出一片光明。

五叶神人持着实干精神和一股劲儿，在短短四五年时间内便取得了行业内其他大品牌花费数十年甚至更长时间才能达到的市场业绩。正是五叶神品牌的成功，使得原本在国内烟草系统排名倒数的梅州卷烟厂一跃成了行业内经济效益最佳的企业之一。

取得成绩的背后，站着的是那些自觉从企业角度出发考虑问题和解决问题的人，而正是这些人在困难面前从不退缩，并主动为企业效益打拼。他们将自己与企业结合成为利益共同体，并因此获得一股无形的力量推动自己不断前进。他们在意的不仅仅是那每个月几千元的薪水，还有自己的人生和事业将会获得怎样的发展，以及如何让自己和企业获得双赢。

方法四：长久坚持才能长盛不衰

很多人会因为畏惧困难而不敢干，这些人并非没有潜能，只不过是不能坚持，他们最需要懂得的是：长久坚持才能长盛不衰。

很多人会因为畏惧困难而不敢干。这些人并不是没有优秀的潜能，只不过在认准方向后不能长期勇敢地坚持，一遇到困难便信心全无。

但遇到困难却又是必然的，每个人都会被困难所扰。

根据美国销售协会一项调查可以得出：

有48%的推销员在找到1个客户之后就放弃；

有25%的推销员在找到2个客户之后就放弃；

有15%的推销员在找到3个客户之后就放弃；

有12%的推销员在找到3个客户之后继续做，而80%的生意恰恰正是这些销售员做出来的。

一个人做一点事不难，难的是持之以恒地做下去并坚持到最终的成功。无论是做人还是做企业都是一样的。

作为国内暖通行业"黄埔军校"的圣火公司得到这项荣誉实属无奈，因为北京市场上销售和安装暖气的专业人员中，有80%都是从圣火出来或是被人挖走的。在外地出差的圣火员工，不经意间就能遇到过去的同事。

很多人觉得圣火吃亏了。

但圣火董事长王丰却对此毫无怨言，反而是满脸自豪地说："我倒没有因此有任何吃亏的感觉。我们对待人才流动的方式就是再加大培训力度，培养更多的专业人员，直到市场饱和为止。"

　　不气馁才能长久坚持，否则培训就不要做了，企业也不要做了。

　　圣火从未气馁，反而决心要让圣火成为暖通类产品集散地的代名词，那么他们就需要培养出越来越优秀的圣火人。而这些人或者服务于圣火，或者服务于这个行业，这才是作为这个行业的领军企业该有的胸怀，也是对这个行业应做的贡献。况且，对于企业来说，人员的流动也是一种淘汰制度，最终留下来的才是能在未来与企业共进退的人。

　　当企业做到了不气馁地长期坚持，也就会有真回报了。

　　由于圣火公司在各方面有意识地对员工素质进行培养，所以企业内部涌现出了一批心怀感激、尽职尽责的好员工。他们服务客户时，为客户展现了一支富有敬业精神和文明素质的队伍。某市政工程设计研究总院写给圣火公司的表扬信中说："公司安装部的刘师傅活儿干得好，产品质量也好，圣火暖气很不错……"而这足以令王丰欣慰了，因为在他看来，这就是公司的一笔巨大财富。同时，王丰也由衷地感到：圣火公司长期坚持培养人才，最终花在员工身上的钱并没有白费。

　　其实，在企业培养的员工中，一些人会愈加戒骄戒躁并在不断学习中明白自己要学习的还有很多，而且也会越来越懂得：一朝一夕成不了人才，至少不是企业值得珍惜的人才。而那些企业珍惜的人才，也无比珍惜企业这座平台，因而圣火也做到了人才辈出，企业蒸蒸日上。

　　不气馁的企业自然会培养出不气馁的员工。无论遇到怎样的困难，他们都会一如既往。

方法五：越敢于实践，就越能大有作为

想要做到与时俱进的唯一方法只能是勇敢向前。越是勇敢，就越敢干，就越能干出一番业绩。

一个人能担 100 斤的担子，如果只被要求担 80 斤，那么这个人的力气可能会越来越小；但一旦让这个人担 110 斤，虽然会有些吃力，但咬咬牙也就过去了，最后所担东西的起点就会是 110 斤了。训练举重运动员大致应该是这样加码的，那些能够在赛场上打破纪录的运动员实力固然是有的，但关键还是在训练中一点点加重和一次次坚持才能造就其在赛场上挑战自己最好成绩的勇气并坚持到最后。

我们生命的张力和韧性其实就来自坚持，而每坚持一段时间，我们都会让自己变得越来越强大和勇敢。

不进则退，即使原地踏步也是退步。

对于"俏江南"来说，虽然已经是餐饮行业的高端品牌，是身份、体面和品位的象征，但它丝毫也不敢停下来。2008 年，"俏江南"荣幸地成为奥运会八个场馆的餐饮服务商之一。

在餐饮行业，"俏江南"无疑是勇敢的。然而，勇敢的背后也意味着一定的风险，一点闪失可能就会前功尽弃。那么，有谁敢不谨慎呢？从"阿兰酒家"到"俏江南"，到"LAN 会所"，再到"SUB-U"，十数年的艰辛才构

筑了"俏江南"的良好声誉，实属不易呀。但是，再不容易也只能坚持下去，就算困难再大也拦不住多年来一路打拼过来的"俏江南"董事长张兰。

张兰自幼就是一个能做梦而且能实现梦的人，在处理问题上毫不犹豫，尤其果断，一旦想到事情，无论前路多么困难她都会勇敢地去做。

经营餐厅自然会出现各种问题，譬如菜品质量不稳定、顾客投诉等，这些问题在创业初期都是由张兰一手处理的。张兰的处理方式很直接，力度也很大，该罚就罚，绝无商量的可能。

2005年5月2日，张兰巡视俏江南北大店时，发现驻经理不在，而店员说驻总带孩子去打针了。经调查，该店员是在替这位驻总撒谎。虽然这个驻总是她一手培养的，处理起来很心疼，但她还是立马通知人力资源部发出通知将其除名，非常果断。

然而，张兰的勇敢从不盲目，比如说对厨师的管理。厨师们特别喜欢抱团，只要厨师长一声令下就会集体罢工。张兰对此想出了一个对策——"掺沙子"，员工统一由人力资源部门招聘，打散他们并向其灌输正确的理念。这样，这些员工就成了俏江南的员工而非厨师长的员工。俏江南继而会通过丰富员工的活动来增强他们对俏江南的向心力和凝聚力，如此一来，俏江南因为全体职工离职而不能正常营业的可能被消除了。而且，张兰还在对厨师的管理上不断追求新的高度。餐饮行业里绝大多数厨师只会炒菜，但俏江南培养的厨师还会管理，甚至会用电脑分析数据，包括后厨管理成本都有系统。他们每天都必须要进行盘点，包括成本核算、库存管理、业绩考核等。

张兰的勇敢决策和勇敢追求引导着俏江南的蒸蒸日上。

对此，张兰不无感慨地说："战略眼光很重要，但更重要的是乐观、自信的精神风貌，不能被大家都能看到的困难所吓倒，要一点点去战胜困难，这样才能始终在前面领跑。"

看来，想要做到与时俱进的唯一方法只能是勇敢向前进。但想要与时俱进的前提是勇敢干，这也就离不开长期勇敢地坚持。因为越是坚持，越是勇敢，就越敢干，就越能干出大作为。